DIE ARMENBIBEL DES SERAI

Rotulus Seragliensis Nr. 52

herausgegeben und erklärt

von

D. Adolf Deissmann, D. D. *und* Dr. Hans Wegener

Professor an der Friedrich-Wilhelms-Universität zu Berlin

Bibliothekar an der Preußischen Staatsbibliothek zu Berlin

Mit 41 Tafeln in Lichtdruck

Berlin und Leipzig 1934

WALTER DE GRUYTER & CO.

vormals G. J. Göschen'sche Verlagshandlung — J. Guttentag, Verlagsbuchhandlung — Georg Reimer — Karl J. Trübner — Veit & Comp.

Archiv-Nr 32 05 34

Druck von Walter de Gruyter & Co., Berlin W 10

Der Universität Oxford

als Symbol der Dankbarkeit

für die am 27. Juni 1929 ehrenhalber verliehene Würde eines

DOCTOR OF DIVINITY

zugeeignet von

Adolf Deissmann

Vorwort.

Die kunsthistorische Untersuchung, Eingliederung und Würdigung des Rotulus Seragliensis Nr. 52 stammt in allen Hauptpunkten von Herrn Dr. Hans Wegener; Einzelheiten, besonders biblisch-theologischer Art, durfte ich dazu beisteuern. Die Einleitung habe ich geschrieben, wie ich auch für die Faksimilierung der Gruppenbilder des von mir aufgefundenen Rotulus Sorge getragen habe. Meinem jungen Mitarbeiter und dem Verlag spreche ich auch an dieser Stelle meinen verbindlichsten Dank aus.

Berlin-Wilmersdorf, den 9. Juni 1933.
Prinzregentenstr. 6.

Adolf Deissmann.

Inhalt.

Der auf den folgenden Blättern behandelte Pergament-Rotulus Seragliensis Nr. 52 mit den Bilderreihen der Biblia pauperum kam mir zuerst am 25. Oktober 1927 unter die Augen, als ich auf Einladung des Herrn Generaldirektors der Staatlichen Museen in Istanbul Dr. h. c. Halil Edhem Bej zusammen mit dem türkischen Dichter Abd ul Hakk Hamid Bej einen Besuch im Topkapu Serai machte und die von Halil kurz vorher aus den Verließen des Schatzhauses hervorgeholten Handschriften flüchtig ansehen konnte. Nachmals von der Türkischen Regierung mit der Konservierung, Ordnung und Katalogisierung dieser Schätze betraut [1]), habe ich den Rotulus im Herbst 1929 näher untersucht und dann in meinem Seraibuch die folgende Beschreibung gegeben (Seite 86):

»Biblia Pauperum in Rollenform; Folge von 38 neutestamentlichen Bildertafeln (Leben Jesu), flankiert durch je zwei alttestamentliche »Vorbilder« (diese lateinisch beschriftet); im Maßwerk der architektonischen Umrahmung oben und unten je zwei Könige und Propheten; zum Schluß zwei allegorische Gestalten sowie zwölf Propheten und Könige und zwölf Apostel. Federzeichnungen. Ca. 1450, wahrscheinlich aus Venedig (Hans Wegener).

Pergament-Rotulus.

Höhe des Stabs mit Omphaloi: 32,5 cm. Breite der Rolle: 26,9 cm. Länge des zunächst auf den Stab geklebten nicht benutzten Stücks Ziegenleders: 7,2 plus 9,3 cm. Länge der (einseitig benutzten) durch mehrere Klebungen entstandenen Rolle: 11,16 m. Die einzelnen Bildertafeln: ca. 26,9 mal 27,6 cm. Zustand gut.«

Ich konnte bald feststellen, daß diese Biblia Pauperum in Rollenform ein Unicum darstellt; andere Rotuli gleichen Inhaltes sind nicht vorhanden.

Die nächsten Parallelen wären allenfalls die Josua-Rolle der Vatikanischen Bibliothek [2]) und die mit Miniaturen geschmückte

---

[1]) Ich verweise hierzu auf mein Buch: Forschungen und Funde im Serai. Mit einem Verzeichnis der nichtislamischen Handschriften im Topkapu Serai zu Istanbul, Berlin und Leipzig 1933 (Walter de Gruyter & Co.).

[2]) Codices e Vaticanis selecti phototypice expressi, Vol. V: Il rotulo di Giosuè, c. Vat. Pal. gr. 431, Romae 1905.

(wahrscheinlich aus dem Petra-Kloster Johannes des Vorläufers in Konstantinopel stammende) liturgische Rolle, die im Sommer 1898 von F. Uspenskij und B. Farmakovskij bei einem Antiquitätenhändler in Istanbul für das Russische Archäologische Institut zu Konstantinopel erworben worden ist [1]. Aber in beiden Fällen handelt es sich eben nicht um Bilderreihen der Biblia pauperum: die vatikanische Rolle illustriert die Geschichte Josuas, die konstantinopolitanische ist ein Beispiel der nicht wenigen liturgischen Rollen der griechischen Kirche, der sogenannten Kontakia [2], deren Zahl ich durch die von mir im Serai aufgefundene Basileios-Rolle habe vermehren können [3].

Es ist kultur- und religionsgeschichtlich von hohem Interesse, daß die Buchrolle, deren Geschichte wir durch mehrere Jahrtausende zurückverfolgen können [4], auch nach ihrer späteren fast völligen Verdrängung durch die uns vertraute Form des Codex sich im kultischen Gebrauch erhalten hat bis auf den heutigen Tag: in den eben erwähnten liturgischen Kontakia der griechischen Kirche und in den Thora- und Prophetenrollen des Judentums, die noch heute wie in der Zeit Jesu Christi [5] in jeder Synagoge im Gebrauch sind, von besonders ausgebildeten, uralter Technik kundigen Schreibern nach antikem

---

[1]) Wir verdanken B. Farmakovskij die genaue Beschreibung dieses wertvollen Stückes im Bulletin de l'Institut Archéologique Russe à Constantinople VI, Sofia 1904. Wo die Rolle sich heute befindet, ist mir nicht bekannt.

[2]) Farmakovskij gibt in seinem eben genannten Werk eine nützliche Zusammenstellung der ihm bekannten Kontakia. Vgl. auch V. Gardthausen, Griech. Paläographie I², Leipzig 1911, S. 152 ff.

[3]) Seragliensis Nr. 51, vgl. Deissmann, Forschungen und Funde S. 86.

[4]) Vgl. zuletzt Frederic G. Kenyon, Books and Readers in Ancient Greece and Rome, Oxford 1932, S. 38 ff. In diesem Zusammenhang sei auch auf die hohe Bedeutung hingewiesen, die die Bilder-Rolle bis heute in der japanischen Kunst hat. Ich zitiere hierfür einige Sätze aus der (dem Katalog der Ausstellung von Werken lebender japanischer Maler in der Preuß. Akademie der Künste 1931, Würfel-Verlag, Berlin-Lankwitz beigegebenen) Einführung in die japan. Malerei von Yashiro Yukio (S. 18): »Eine eigenartige, aus der Yamato-Malerei hervorgegangene Kunstform ist die Bilderrolle E-makimono. Die Werke der erzählenden und geschichtlichen Literatur wurden auf Rollen geschrieben und in der Weise illustriert, daß Bilder und Text miteinander abwechselten, so daß der Leser beim allmählichen Abwickeln der auf den Tisch gelegten Rolle den Fortgang der Erzählung gleichzeitig in Wort und Bild verfolgen konnte. Während das einzelne Bild nur einen Augenblick festzuhalten vermag, verleiht diese Kunstform mit ihrer Aneinanderreihung einer Folge von Bildern der Malerei, die an sich eine statische Kunst des Augenblicks ist, den Charakter der Bewegung, des Flusses, und wird so zur malerischen Darstellung eines zeitlichen Ereignisablaufs geeignet wie keine andere.«

[5]) Lukas 4, 16 ff.

Brauch und unter peinlicher Beobachtung alter Vorschriften hergestellt werden.

Unsere Serai-Rolle kann indessen nicht zu kultischen Zwecken hergestellt sein. Für eine durch Vorzeigen der Bildergruppen illustrierte Anagnose der biblischen Perikopen sind die Bilder zu klein. Auch fehlt der Text der Bibelstellen, statt deren wir nur eine knappe Beschriftung der alttestamentlichen Bilder vorfinden. Darum kann diese Rolle auch nicht für die Zwecke privater Erbauung hergestellt sein. Vielmehr ist sie als Handexemplar eines Künstlers anzusprechen, der nach dieser Vorlage Armenbibeln auf Bestellung anfertigte oder die Bilderreihen im ganzen oder einzeln in Glasmalerei herstellen ließ.

★

Wie ist der von Hans Wegener auf den folgenden Blättern als italienische Kopie einer süddeutschen Armenbibel erwiesene Rotulus in die Serai-Bibliothek gekommen?

Ich darf hier zunächst darauf hinweisen, daß die Serai-Bibliothek ehemals noch ein anderes Werk besessen hat, das inhaltlich mit der Biblia pauperum verwandt ist: das »*Speculum Humane Saluacionis*« in einer Pergament-Handschrift des 15. Jahrhunderts, die Gustav Heinrich [1]) in seiner Beschreibung der fünfunddreißig von Sultan Abdul Hamid 1877 der Universität Budapest geschenkten Handschriften unter Nr. 30 aufführt. Die Handschrift hat 48 Blatt mit zahlreichen vergoldeten und gemalten Uncial-Initialen. Jede Seite der Handschrift hat den Raum für zwei Illustrationen ausgespart, die allerdings nicht hergestellt worden sind. So fehlt dem Codex leider der Bilderschatz.

Daß der Rotulus und das Speculum durch einen anderen Sultan als Mehmed II. in die Bibliothek gekommen seien, ist höchst unwahrscheinlich. Entstanden in dem Zeitalter des Eroberers von Konstantinopel, ist der Rotulus als ein Stück einer ganzen Gruppe von illustrierten Bibeln anzusprechen, die bei Begründung der Serai-Bibliothek zusammengebracht worden sind. Mögen es zum Teil Beutestücke gewesen sein oder Geschenke an den Großherrn oder durch Ankauf erworbene Codices, in jedem Fall scheint es sicher zu sein, daß Mehmed II. an der Mannigfaltigkeit solcher Bilderbibeln eine besondere Freude gehabt hat. Wenn er sich in der Beschaulichkeit seiner Bücherei an diesen illustrierten Bibeln erfreute, dann schloß

[1]) Literarische Berichte aus Ungarn, Budapest 1877, S. 336 f.

ihm der von einem italienischen Zeichner nach der Vorlage einer süddeutschen Armenbibel geschaffene Rotulus den Ring wahrhaft ökumenischer Schicksale der Heiligen Schrift in Kunst und Volksgemüt des Mittelalters: die kostbaren byzantinischen Miniaturen des griechischen Oktateuch [1]), des griechischen Psalters [2]), des griechischen Evangeliars [3]) und Tetra-Evangeliums [4]), die Bibelbilder in den slawischen Prachthandschriften [5]), das illustrierte lateinische Breviarium [6]), die (jetzt in Budapest befindliche) lateinische Bilderbibel des 14. Jahrhunderts [7]), vielleicht auch noch die französische Inkunabel mit den Holzschnitten der Passion Jesu [8]) gaben zusammen mit unserer Armenbibel in reicher Mannigfaltigkeit dem Ost-West-Menschen Mehmed II. einen Eindruck davon, wie Morgen- und Abendland die Heilige Geschichte geschaut und dargestellt haben. Darum spiegelt unser Rotulus zusammen mit den anderen Bilderbibeln des Serai ein eigenartiges und reizvolles Einzelbild aus den Schicksalen der Bibel wider.

* * *

Als im späten Mittelalter das Bürgertum der aufblühenden Städte, ergriffen von religiöser Erregung und heißem Verlangen nach Erkenntnis und Wissen, tätigen Anteil am geistigen Leben forderte, war die Biblia pauperum eines der Bücher, die am meisten begehrt, betrachtet und gelesen wurden. Die Verbindung von kurzen Zitaten aus der Bibel mit der Anschaulichkeit der Bilder gab dem Menschen der Spätgotik Trost und Belehrung, wie er sie suchte, andächtige Betrachtung des Lebens und Leidens Christi und Beweise seiner Heilslehre durch die Geschichten des Alten Testaments, die für ihn unumstößlich sichere historische Tatsachen waren. Die Armenbibel bedeutete ihm sinnvolle Ordnung der biblischen Historie, eine Ordnung, die ihm die Predigten der wandernden Mönche bestätigten und die er auf den Glasfenstern und Wänden der Kirchen gemalt fand. Das war das Werk, das er brauchte, als er selbst anfing, sich mit religiösen Fragen auseinanderzusetzen, eine im Geist des Mittelalters rationali-

[1]) Codex Seragliensis Nr. 8 (Deissmann, Forschungen und Funde, S. 46 f.).
[2]) Codex Seragliensis Nr. 13 (Deissmann S. 58 f.)
[3]) Codex Seragliensis Nr. 21 (Deissmann S. 66).
[4]) Codex Seragliensis Nr. 34 (Deissmann S. 71).
[5]) Codices Seraglienses Nr. 71 und 72 (Deissmann S. 98 f.).
[6]) Codex Seragliensis Nr. 42 (Deissmann S. 79 f.).
[7]) Vgl. Deissmann S. 55 f.
[8]) Codex Seragliensis Nr. 54 (Deissmann S. 87 f.)

sierte Bibel, die ihm so Vieles zugleich gab: ein System des Weltgeschehens, wonach sein erwachender Sinn für die historischen Zusammenhänge verlangte, theologische Wissenschaft, die ihm als die Krone jeder Geistesarbeit galt, und eine Fülle ereignisvoller bunter Erzählungen, welche die Welt seiner Vorstellungen ausfüllen konnten.

Ein Buch, das so beliebt und verbreitet war und darum auch für die Geistesgeschichte des ausgehenden Mittelalters so aufschlußreich ist wie die Biblia pauperum, hat bei der modernen Forschung frühzeitige Beachtung gefunden. Es gibt heute über die Armenbibel eine stattliche, überwiegend kunstwissenschaftliche Literatur (denn die Bilder sind ja durchaus das Primäre). Die letzte große Zusammenfassung und bedeutende Erweiterung unserer Kenntnisse verdanken wir Henrik Cornell[1]), dessen Buch »Biblia pauperum« als Ausgangspunkt für die Untersuchung des Seragliensis 52 dienen soll. Bei so gründlicher Vorarbeit genügt es für unseren Zweck, wenn wir Sinn und Geschichte der Armenbibel nur in kurzen Umrissen zeigen.

Novum Testamentum in Vetere latet, Vetus in Novo patet (die Geschehnisse des Alten Testamentes künden prophetisch die Erfüllung im Neuen Testament), — dieser Gedanke, der bereits in den Evangelien und bei Paulus die Grundlage des Schriftbeweises ist, der insbesondere im Johannes-Evangelium 3, 14 schon zur typologischen Auswertung einer alttestamentlichen Szene geführt hat, gehört seitdem im Denken der gesamten Theologie, aber auch in der bildenden Kunst und in den »Vorbildern« der Passionsspiele zu dem wirkungsvollsten Überlieferungsgut der christlichen Frömmigkeit. Er hat, wo sich die religiöse Kunst mit der Bibel oder dem Leben Jesu beschäftigte, jahrhundertelang Motive und das Prinzip der Auswahl bei der Darstellung und Zusammenschau alttestamentlicher Szenen mit dem Neuen Testament je nach der Wichtigkeit ihrer prophetischen Bedeutung gegeben. Man suchte und fand mühelos für bestimmte Ereignisse des Lebens Jesu, deren Zahl sich allmählich vergrößerte, die »Vorbilder« im Alten Testament.

---

[1]) Henrik Cornell, Biblia pauperum, Stockholm 1925. Eine Bibliographie der bis 1912 über die Armenbibel erschienenen Literatur findet sich bei Hans von der Gabelentz, Die Biblia pauperum und Apokalypse der Großherzogl. Bibliothek zu Weimar, Straßburg 1912. An späterer Literatur ist zu erwähnen die Rezension des Cornellschen Buches von Edgar Breitenbach in den Mitteilungen der Gesellschaft für vervielfältigende Kunst 1927 Heft 4. Weitere Abhandlungen werden bei der Aufzählung der bei Cornell nicht erwähnten Armenbibelhandschriften aufgeführt (S. 15 Anmerkung 1). Für die geistesgeschichtlichen Zusammenhänge sei auch auf die bedeutungsvollen Forschungen des von Hans Vollmer geleiteten Deutschen Bibel-Archivs in Hamburg (Domstraße 7) verwiesen.

Bis zu ihrem Hauptwerk, der Biblia pauperum, war die Entwicklung der Typologie jedoch keineswegs einheitlich und stetig. Sie war auch noch nicht so weit gediehen, daß der unbekannte Verfasser der Armenbibel nur das schon Vorhandene zu sammeln und zu ordnen brauchte. Die Zahl feststehender typologischer Gruppen, die er für sein Werk verwenden konnte, war relativ gering. Erst die Biblia pauperum brachte eine systematische Auswertung des typologischen Gedankens und gab so Anregung und Vorbilder für alle folgenden typologischen Schriften und Bilderkreise.

Es ist wenig wahrscheinlich, daß die Armenbibel von vornherein als Bilderfolge gedacht war, trotzdem die ältesten Handschriften alle illustriert sind, und trotzdem man deutlich fühlen kann, wieviel stärker oft bei der Auswahl der Szenen das Bildmäßige, Visuelle ausschlaggebend war als der prophetisch-symbolische Gehalt. Doch wird auch diese Biblia pauperum wie die anderen Schriften, die den gleichen Titel führen, ursprünglich wohl nichts Anderes haben sein wollen als ein kurzer, nach einem bestimmten Gesichtspunkt geordneter Überblick über den Inhalt der Bibel, ein homiletisches Werk für die »pauperes praedicatores«.

Im Grunde genommen ist die Frage, ob die erste Handschrift illustriert oder unillustriert war, ohne wesentliche Bedeutung. Alle Vermutungen hierüber sind vag. Sicher ist jedenfalls, daß die Armenbibel ohne Bilder nur ein theologisches Hilfs- und Unterrichtsbuch für einen kleinen Kreis von Mönchen geblieben wäre, unscheinbar und unfähig, die Mission zu erfüllen, für die allein eine Bilderfolge prädestiniert war. Nur den Bildern verdankt die Biblia pauperum ihre Verbreitung über das ganze deutsche Sprachgebiet und eine Beliebtheit, die durch mehr als zweihundert Jahre von der Wende des 13. zum 14. Jahrhundert bis zum Beginn des 16. stetig wuchs, bis das neue Denken des Humanismus und der Reformation ihr ein Ende bereitete.

*

Die illustrierte Armenbibel ist eine deutsche Schöpfung, in der Eigenart ihrer Form und Fassung auch so typisch deutsch, daß sie außerhalb unserer Grenzen kaum mehr als zufällige Beachtung gefunden hat. Nur vier im Ausland geschriebene und illustrierte Handschriften sind bis jetzt bekannt geworden. Zwei stammen aus dem französischen Flandern und zwei aus Italien [1]); dagegen haben sich

[1]) London, British Museum, Kings Mss. 5; Lyon, Bibliothèque Municipale

von diesem Hausbuch, das ja nur zum kleinsten Teil im sicheren Schutz der Klosterbibliotheken verwahrt wurde, 53 illustrierte und 21 unillustrierte Handschriften deutscher Provenienz erhalten [1]). Noch eindeutiger als diese Zahlen zeugt von der Beliebtheit und Verbreitung der Biblia pauperum die Tatsache, daß von ihr nicht weniger als fünf verschiedene Blockbücher, die zum Teil in vielen Ausgaben verlegt wurden, und drei mit Holzschnitten illustrierte Inkunabeldrucke erschienen sind.

Die Hauptmasse der Handschriften und die Drucke gehören dem 15. Jahrhundert an, einer Zeit, in der das Buch Bildungsmittel breiter Schichten zu werden begann. Als das 15. Jahrhundert sich dem Ende zuneigte, hatte die Biblia pauperum ihre Mission erfüllt. Nach der Reformation ist keine Armenbibel mehr geschrieben oder gedruckt worden.

*

Die Entwicklungsgeschichte der Biblia pauperum ist bis jetzt noch wenig übersichtlich. Viele Fragen sind noch ungeklärt und manche werden es bleiben müssen, da nach den erhaltenen Handschriften, die doch nur bescheidene Reste eines ehemals großen Bestandes sind, sich nur ein recht unvollkommenes Bild der Armenbibeltradition rekonstruieren läßt. Viele Lücken müssen wir mit Hypothesen füllen, die nicht immer einen hohen Grad von Wahrscheinlichkeit haben. Hier dürfen wir uns damit begnügen, von dem

---

Mss. 446; die Biblia pauperum der Sammlung Rosenthal in München und unser Seragliensis 52.

[1]) Außer den bei Cornell aufgeführten Handschriften seien hier noch genannt die von Edgar Breitenbach beschriebenen Handschriften: Lyon, Bibl. Mun cipale Ms. 446; Stuttgart, Landesbibliothek Ms. theol. Philos. fol. 279; Berlin, ms. germ. fol. 1362 (hierüber auch Wegener, Beschreibendes Verzeichnis der Miniaturhandschriften d. Preuß. Staatsbibl., Bd. V S. 10). Ferner die Biblia pauperum-Handschrift in der Schloßbibliothek Moritzburg (F. Rothe, Eine unbekannte Biblia pauperum der Schloßbibliothek Moritzburg, Archiv für Schreib- und Buchwesen 1929, H. 4); in der Sammlung Rothschild, Paris (André Blum, Un manuscrit inédit du XIII siècle de la Bible des pauvres, Fondation Eugène Piot 28, 1925/26); in der Sammlung Rosenthal (Hans Wegener, Die italienische Biblia pauperum der Sammlung Rosenthal, Beiträge zur Forschung, Neue Folge III, S. 17); im Britischen Museum, Ms. Arundel 246 (Edgar Breitenbach, Eine neuaufgefundene Handschrift der Biblia pauperum, Mitteilung der Gesellschaft für vervielfältigende Kunst 1927, H. 4 S. 25); die noch unbeschriebenen Fragmente im Diözesanmuseum in Limburg an der Lahn und in der Sammlung des Berliner Antiquars Graupe. (Eine frühe unillustrierte Handschrift der Biblia pauperum besitzt das Prämonstratenserchorherrenstift Schlägl in Oberösterreich).

Ablauf der Entwicklung nur soviel zu sagen, als für das Verständnis des Seragliensis nötig ist. Alle Einzelfragen, welche für die Einordnung unseres Rotulus in die Entwicklungsreihe der Biblia pauperum von Wichtigkeit sind, sollen später noch näher untersucht werden.

Aus Varianten des Textes und der Illustration ergeben sich Möglichkeiten, die vorhandenen Handschriften nach Gruppen zu ordnen und so eine ungefähre Vorstellung von der Entwicklung der Armenbibel zu gewinnen. Das System der Biblia pauperum-Illustration, das kurz gesagt darin besteht, daß der Szene aus den Evangelien vier Köpfe oder Halbfiguren von Propheten (oder von Propheten und Königen [1])) und zwei Vorbilder aus dem Alten Testament beigegeben wurden, blieb allein unverändert. Bei der Auswahl der neutestamentlichen Szenen, die nicht in allen Handschriften gleich, auch nicht in derselben Zahl sich finden, wurde natürlich die Passion Christi besonders bevorzugt.

Der Text ist etwas kompliziert zusammengesetzt aus einem Titulus in Form eines leoninischen Hexameters für jede der drei Darstellungen, aus den vier Prophetensprüchen, die meist auf Spruchbändern untergebracht wurden, und aus den Lektionen, kurzen Erklärungen der Bibelstellen des Alten Testamentes und ihrer typologischen Bedeutung. Von dem ursprünglich lateinischen Text erschienen bald deutsche Übersetzungen, später eine ausführlichere deutsche Fassung, die Cornell den »erzählenden deutschen Typus« nennt.

Neben diesen drei Textformen gibt es aber noch eine ganze Reihe von Varianten, nach denen sich verschiedene Textgruppen der Biblia pauperum festlegen lassen. Der Text ist außerdem nicht immer vollständig. Gelegentlich fehlen die Tituli oder besser die Prophetensprüche; in dem Codex 370 der Wiener Nationalbibliothek sind nur die Worte der Propheten auf die Spruchbänder geschrieben, und in dem Fragment einer bayrischen Armenbibel aus dem 2. Viertel des XV. Jahrhunderts, das im Besitz des Antiquariats Graupe sich befindet, ist, wie in dem Rotulus des Serai, der ganze Text fortgelassen.

Noch größere Unterschiede zeigen die Armenbibelhandschriften in der Anordnung der drei Bilder mit den Prophetenfiguren, die, auf verschiedene Art zu einem Ganzen zusammengefaßt, eine oder eine halbe Seite füllen, oder über drei Seiten verteilt sind. Eine Gruppierung der Armenbibeln nach der Übereinstimmung in der Bild-

[1]) Professor Deissmann vermutet, daß die Zusammenstellung von Propheten und Königen durch das Jesuswort Luk. 10, 24 veranlaßt ist.

anordnung läßt das Abhängigkeitsverhältnis der einzelnen Handschriften untereinander noch deutlicher erkennen als die Textvarianten, zeigt aber auch offensichtlich, daß eine erhebliche Zahl von Handschriften, vor allem aus dem XV. Jahrhundert verloren gegangen sein muß.

Für die erste Hälfte des 14. Jahrhunderts ist die Tradition der Armenbibeln, die fast alle in Klöstern geschrieben und in den Klosterbibliotheken geblieben sind, noch leidlich gut zu erkennen. Je mehr aber die Biblia pauperum zum Volksbuch wurde, desto lückenhafter sind die Reste, die sich erhalten haben. Von den doch sicher in einer Auflage von einigen hundert Stück gedruckten Blockbüchern existieren heute nur noch ganz wenige Exemplare. Diese Tatsache beweist einen hohen Prozentsatz der Verluste und erklärt, warum manche Handschrift in Besonderheiten der Illustration oder der Textfassung ein Unikum ist. Selbst wenn man im 15. Jahrhundert für den Kopisten eine größere Freiheit der Vorlage gegenüber annehmen kann, so ist es doch sehr wahrscheinlich, wenn nicht sicher, daß fast alle diese Handschriften Vorläufer und Nachfolger gehabt haben, also als das einzige Überbleibsel einer ganzen Gruppe gelten müssen. Nimmt man nun noch zur genaueren Festlegung des Verwandtschaftsgrades der einzelnen Manuskripte untereinander die Ikonographie der Bilder zur Hilfe, dann ergibt sich ein außerordentlich kompliziertes, schwer übersichtliches Gewebe von Beziehungen.

Es stellt sich heraus, daß manche Armenbibel ikonographisch mit Handschriften anderen Inhalts, vor allem mit Manuskripten des Speculum humanae salvationis übereinstimmt. Es ergibt sich ferner, daß ein direktes Abhängigkeitsverhältnis zwischen der Armenbibelillustration und Werken der Monumental- oder Glasmalerei in einigen Fällen vorausgesetzt werden muß, trotzdem sich eindeutige Beweise hierfür noch nicht gefunden haben. Die wichtigsten Motive religiöser Kunst sind ja in den Darstellungen der Biblia pauperum enthalten. Da wird dieses so weit verbreitete Werk oft genug zum Malerbuch geworden sein, zur Vorlage für alle die Arbeiten religiöser Kunst, bei denen es auf das theologisch oder typologisch Wichtige und Richtige ankam. Man kann sich gut vorstellen, daß der beratende oder auftraggebende Geistliche von dem Maler die Wandbilder für ein kirchliches Gebäude so haben wollte, wie sie in seiner Armenbibel gezeichnet waren, oder der Besteller einer Biblia pauperum die Glasbilder seiner Kirche in den Illustrationen seines Buches wiederzufinden wünschte. In einer Malerwerkstatt sind wohl oft genug nach einundderselben Vorlage Tafelbilder, Glasgemälde und Handschriftenillustrationen geschaffen worden. Solche ganz äußerlichen Gründe haben zuweilen eine entscheidende Rolle gespielt.

Aber all diese Zusammenhänge, so wichtig sie für die Entwicklungsgeschichte der Biblia pauperum sind, lassen sich wohl vermuten, jedoch nirgendwo einwandfrei beweisen. Glasmalereien und Wandbilder des späten Mittelalters sind ja in noch viel größerem Umfang als die Handschriften und Drucke der Armenbibel im Laufe der Jahrhunderte zerstört oder entstellt worden. Was geblieben ist, läßt nur in den seltensten Fällen einen direkten Vergleich zu [1]). Dazu kommt, daß nur für ganz wenige Armenbibelhandschriften die Werkstatt, in der sie entstanden sind, nachweisbar ist. Auf eine Darlegung der vieldeutigen Möglichkeiten, die sich aus diesen Beziehungen für die Geschichte der Biblia pauperum ergeben, müssen wir also hier verzichten.

Es genügt uns festzustellen, daß die Armenbibel von bayrischen und österreichischen Klöstern aus sich im Laufe des 14. Jahrhunderts über das ganze deutsche Sprachgebiet verbreitete. Um die Wende zum 15. Jahrhundert gab es bereits eine Reihe von Handschriftengruppen, die sich in der Textfassung, in der Anordnung und Reihenfolge der Bilder oder ikonographisch deutlich von einander scheiden. Für einige Darstellungen wie z. B. Verkündigung und Geburt Christi, Moses und der brennende Dornbusch und andere, begannen sich in dieser Zeit neue Bildtypen zu entwickeln.

Das 15. Jahrhundert brachte dann der Biblia pauperum eine raschere und stärkere Verbreitung, die in den Druckausgaben ihren Höhepunkt fand. Das 40blättrige Blockbuch, welches in nicht weniger als 10 verschiedenen Ausgaben erschien, steht am Ende der Entwicklung; alle späteren Drucke und Handschriften sind mehr oder weniger stark von ihm abhängig. Auch die 50blättrige xylographische Ausgabe, welche die umfangreichste Armenbibelfolge darstellt, ist nichts anderes als eine wenig verbreitete, um zehn typologische Gruppen fremden Ursprungs erweiterte Kopie. Durch das 40blättrige Blockbuch ist in viel größerem Umfange als durch Handschriften die Armenbibel in das Ausland gekommen; nach ihm sind die Teppiche in Chaise-Dieu, die typologischen Szenen der Tapisserien in der Kathedrale von Reims, die oberitalienische Handschrift der Sammlung Rosenthal, die kleinen Szenen im Rahmenwerk der

---

[1]) Der Armenbibelzyklus auf den Fenstern des Kreuzganges von Hirsau ist eine späte Kopie nach dem Blockbuch.

Livres d'heures-Holzschnitte aus den Offizien Vérards, Pigonchets, Étienne Johannots und anderes kopiert worden [1]).

Gerade das 40blättrige Blockbuch aber, diese endgültige Prägung der Armenbibel, läßt sich schwer in die Entwicklungsreihe einordnen. Handschriften, die eine ununterbrochene Linie von ihm bis zu den Anfängen der Biblia pauperum erkennen lassen, fehlen vollkommen. Schon das direkte Vorbild, dessen Existenz wir annehmen müssen, kennen wir nicht. Die wenigen Handschriften, die, älter als das Blockbuch, eine gewisse Verwandtschaft in der Illustration und im Text zeigen, geben uns nur sehr ungewisse Anhaltspunkte.

*

Hier hilft nun unser Seragliensis 52 ein gutes Stück weiter. Er ist, das sei hier vorweggenommen, um 1450 von einem unbekannten Künstler in Oberitalien, vielleicht in Venedig nach einer deutschen Handschrift aus dem ersten Viertel des 15. Jahrhunderts, die mit der Vorlage der 40blättrigen Blockbuchausgabe außerordentlich nahe verwandt ist, kopiert worden. Diese seine Bedeutung für die Geschichte der Armenbibel rechtfertigt allein schon eine eingehende Untersuchung. Der Rotulus erweist sich aber noch in vielen anderen Punkten als eine Handschrift von beträchtlichem kunsthistorischen Interesse.

*

Die äußere Form ist ungewöhnlich [2]), eine 26,9 cm hohe und 1116 cm lange Pergamentrolle, auf der die 38 typologischen Gruppen nebeneinander gezeichnet sind. Ein reicher architektonischer Rahmen umschließt jede Gruppe. Ein flacher Bogen wölbt sich über der Szene aus dem Leben Christi, Dreiblattbögen über den Darstellungen des Alten Testamentes mit Krabben und Fialen besetzt, schließen ein Kreuzgewölbe ab, das wie ein Baldachin über den Bildern schwebt. Die Halbfiguren der Propheten und Könige, die nur selten Spruchbänder tragen, stehen über und unter dem Mittelbild in engumschließenden Fensternischen. Zwischen den einzelnen Gruppen sind wie Caesuren zwei schmale, durch einen Dreiblattbogen abgeschlossene Streifen freigeblieben; zu schmal, um den Text der Armenbibel, der dem Rotulus völlig fehlt, aufnehmen zu können. Die kurzen Bilder-

[1]) Vgl. hierüber Emile Mâle, L'Art religieux de la fin du moyen âge en France, 2. Ausg., Paris 1922, Bd. III, S. 229 ff.

[2]) Vgl. oben S. 9 f.

erklärungen in lateinischer Sprache unter den Darstellungen des Alten Testamentes sind nicht der Biblia pauperum entnommen und geben, wie wir noch sehen werden, in vielen Fällen über das Dargestellte falsche Auskunft [1]). Auch der Abschluß des Rotulus, der die Figuren der Synagoge und der Kirche, je 12 Halbfiguren der Propheten und Könige einerseits, der Apostel andererseits, mit unbeschriebenen Spruchbändern, das von leeren Spruchbändern umrollte Kreuz und einen vierzehnarmigen Leuchter ebenfalls mit leeren Spruchbändern zeigt, begegnet sonst in keiner Armenbibel.

*

Die einzelnen typologischen Gruppen des Rotulus sind in derselben Reihenfolge geordnet wie in dem 40blättrigen Blockbuch. Aus praktischen Gründen wollen wir bei ihrer Aufzählung die Unterschriften unter den alttestamentlichen Szenen mit aufgelösten Abbreviaturen gleich mit anführen.

Tafel 1. Eva und die Verfluchung der Schlange.
Unterschrift: hic melius stabit ystoria annunciationis sampsonis iudicum. 13° c°.
Mariae Verkündigung.
Gideon und der Engel (das Vließ fehlt in der Darstellung).
Unterschrift: iudicum. 6°. c°. ystoria gedeonis.

Tafel 2. Gott spricht zu Moses aus dem brennenden Dornbusch.
Unterschrift: exodi 3° c° ystoria moysy.
Christi Geburt.
Der blühende Stecken Aarons.
Unterschrift: historia Aaron. numeri. 16°. c°.

Tafel 3. Abner kommt zu David.
Unterschrift: historia david cum tribus robustissimis qui attulerunt aquam. 2°. regum. 23°.
Die Anbetung der Drei Könige aus dem Morgenland.
Die Königin von Saba kommt zu Salomo.
Unterschrift: historia regine sabba. 3. regum. 10°. c°.

Tafel 4. Das Reinigungsopfer.
Unterschrift: historia aaron sacerdotis. exodi. 25°. 37°. 40°. c° [2]).
Die Darstellung Christi im Tempel.

---

[1]) Die angegebenen biblischen Kapitelzahlen weichen von den heute üblichen öfter ab; zum Teil wohl durch bloßes Versehen.

[2]) Die Unterschrift heruht auf einem Mißverständnis des Schreibers.

Samuel wird zu Eli gebracht.
Unterschrift: hic bene stabit ystoria samuelis. primo. regum 2°. c°.

Tafel 5. Rebekka schickt Jakob auf die Flucht.
Unterschrift: historia jacob. ut patet genesis. 27°. c°.
darunter: hic magis ad propositum stabit ystoria helie fugientis a facie iezabel. 3°. regum. 19°. c°.
Die Flucht nach Ägypten.
Michal verhilft David zur Flucht.
Unterschrift: historia david fugientis saul demissi per micol. 1°. regum. XIX°. c°.
darunter: Ystoria exploratorum ierich iosue 2° c°. sed non debet esse cum corona.

Tafel 6. Anbetung des goldenen Kalbes.
Unterschrift: historia danielis destruentis bel. daniel. 14°. c° [1]).
Der Sturz der Götzen [2]).
Die Bundeslade im Tempel Dagons.
Unterschrift: historia philistinorum ponentium archam domini iuxta dagon. I°. regum. 5°. c°.

Tafel 7. Saul läßt die Priester töten.
Unterschrift: ystoria abimelech. iudicum. 9°. c° [1]).
Der bethlehemitische Kindermord.
Athalia läßt die Kinder des Königs töten.
Unterschrift: ystoria athalie 4°. regum. XI°.

Tafel 8. Gott fordert David zur Rückkehr auf.
Unterschrift: ystoria. Jepte voventis domino [3]). Judicum XI° c°.
Rückkehr der heiligen Familie von Ägypten.
Rückkehr Jakobs mit seiner Familie.
Unterschrift: ystoria Jacob. Genesis 32°. c°.

Tafel 9. Untergang der Ägypter im Roten Meer.
Unterschrift: historia moysi educentis populum de egipto. Exodi 14. c°.
Taufe Christi.

---

[1]) Die Unterschrift beruht auf einem Mißverständnis des Schreibers.

[2]) Diese Szene stammt aus apokrypher Tradition von Wundertaten des Jesuskindes in Ägypten. Die Kirchenväter verlegen den Vorgang nach Hermopolis (vgl. Arnold Meyer im Handbuch zu den Neutestamentl. Apokryphen, herausg. von Edgar Hennecke, Tübingen 1904, S. 101).

[3]) Diese Unterschrift beruht auf einem Mißverständnis des Schreibers.

Die Kundschafter mit der Traube.
Unterschrift: historia botri allati de terra promissionis. numeri 13º. cº.

Tafel 10. Esau verkauft sein Erstgeburtsrecht an Jakob.
Unterschrift: historia esau coeptati de lenticula per fame. Genesis 25º. cº.
Versuchung Christi.
Sündenfall.
Unterschrift: historia primorum parentum coeptatorum a serpente. Genesis 2º. cº.

Tafel 11. Elia erweckt den Sohn der Witwe.
Unterschrift: historia helye suscitantis puerum vidue. 3º. regum. XVIIº. cº.
Erweckung des Lazarus.
Elisa erweckt den Sohn der Sunamitin.
Unterschrift: historia helysei suscitantis puerum vidue. 4º. regum. 4º. cº.

Tafel 12. Drei Engel erscheinen Abraham.
Unterschrift: historia trium angelorum apperentium (sic) abrahe. Genesis 18º. cº.
Verklärung Christi.
Die Drei Männer im feurigen Ofen.
Unterschrift: historia trium puerorum in fornace. daniel. 3º. cº.

Tafel 13. Nathan vor David und Davids Buße.
Unterschrift: historia nathan prophete reprehendentis david. 2º. regum. 12º. cº.
Die große Sünderin trocknet mit ihren Haaren Christi Füße.
Moses heilt Mirjam vom Aussatz.
Unterschrift: historia techuitis mulieris loquentis pro absalon [1]). 2º. regum 14º. cº.

Tafel 14. Davids Einzug mit dem Haupte Goliaths.
Unterschrift: historia david reversi cum victoria a goliath. 1º regum. 17º. cº.
Christi Einzug in Jerusalem.
Die Söhne der Propheten ehren Elisa.
Unterschrift: helyseus revertitur ad civitatem et recipitur cum gaudio. 4º. regum. 6º. cº.

Tafel 15. Cyrus gibt die Erlaubnis zum Wiederaufbau des Tempels.

---

1) Diese Unterschrift beruht auf einem Mißverständnis des Schreibers.

Unterschrift: historia cyri regis dantis licentiam de rehedificatione templi. 1°. esdre°. 1°. c°.
Christus treibt die Händler aus dem Tempel.
Judas Makkabäus reinigt den Tempel.
Unterschrift: historia iude machabej mundantis templum. 2°. machabeorum 10°. c°.

Tafel 16. Jakob wird der Tod des Joseph gemeldet.
Unterschrift: Conscilium de venditione yoseph. genesis. 37°. c° [1]).
Judas verrät Christum an die Hohenpriester.
Absalom wird Davids Krone gebracht.
Unterschrift: conscilium chusi cum absalone contra david. 2°. regum. 17°. c°.

Tafel 17. Joseph wird an die Ismaeliter verkauft.
Unterschrift: Ysmaelite dant pecuniam pro venditione yoseph. genesis 37°. c. °.
Judas empfängt den Verräterlohn.
Joseph wird an Potiphar verkauft.
Unterschrift: fratres ioseph recipiunt peccuniam pro venditione ioseph. genesis. 37°. c°.

Tafel 18. Melchisedek bietet Abraham Brot und Wein.
Unterschrift: Melchisedech offert panem et vinum. Abrahe. genesis 14°. c°.
Das Abendmahl.
Manna-Lese.
Unterschrift: filii israel colligunt manna in deserto Exodj XVI°. c°.

Tafel 19. Joab küßt Abner und tötet ihn.
Unterschrift: Joab occidit abner osculando ipsum. 2°. regum. 3°. c°.
Der Judas-Kuß und Christi Gefangennahme.
Tryphon nimmt Jonathan gefangen.
Unterschrift: Trifon loquitur filijs israel in dolo ut capiat eos. 1°. Machab. 12°. c°.

Tafel 20. Isebel droht Elia.
Unterschrift: david se excusat de morte abner. coram populo [1]). 2°. regum. 3°. c°.
Pilatus wäscht seine Hände in Unschuld.
Die Babylonier fordern den Tod Daniels.

---

[1]) Diese Unterschrift beruht auf einem Mißverständnis des Schreibers.

Unterschrift: Rex achis expellit david se excusando[1] 1^{0}. regum 22^{0}. c^{0}[2]).

Tafel 21. Ham verspottet Noah.

Unterschrift: ystoria noe a filio discoperti genesis. 9^{0}. c^{0}.

Verspottung Christi.

Die Knaben, welche Elisa verhöhnten, werden von Bären zerrissen.

Unterschrift: duo ursi occidunt pueros illudentes helyseo. 4^{0}. regum. 2^{0}. c^{0}.

Tafel 22. Isaak trägt Holz zur Opferung.

Unterschrift: ystoria habrae ducentis filium ad ymolandum. genesis 22^{0}. c^{0}.

Kreuztragung Christi.

Elias und die Witwe von Zarpath.

Unterschrift: ystoria helye et vidue sareptane. 3^{0}. regum 17^{0}. c^{0}.

Tafel 23. Opferung Isaaks.

Unterschrift: ystoria habrae volentis ymmolare ysaac. genesis 22^{0}. c^{0}.

Christus am Kreuz.

Die Aufrichtung der ehernen Schlange.

Unterschrift: ystoria populi devastati a serpentibus. numerj. 21^{0}. c^{0}.

Tafel 24. Erschaffung Evas aus der Seite Adams.

Unterschrift: ystoria formationis eve. genesis 2^{0}. c^{0}.

Der Lanzenstich.

Moses schlägt Wasser aus dem Felsen.

Unterschrift: ystoria moysy educentis aquas de petra. numeri 20^{0}. c^{0}.

Tafel 25. Joseph wird in die Zisterne versenkt.

Unterschrift: ystoria Joseph positi in cisterna. genesis. 37^{0}. c^{0}.

Grablegung Christi.

Jonas wird in das Meer geworfen.

Unterschrift: ystoria Jone. primo c^{0}.

Tafel 26. David tötet Goliath.

Unterschrift: ystoria david interficientis goliath. primo regum. 17^{0}. c^{0}.

Christus in der Vorhölle.

---

[1]) Auch diese Unterschrift beruht auf einem Mißverständnis des Schreibers.

[2]) Die Geschichte steht faktisch im Kapitel 21.

Simson tötet den Löwen.
Unterschrift: ystoria sampsonis iudicum. 14°. c°.

Tafel 27. Simson trägt die Tore von Gaza fort.
Unterschrift: ystoria sampsonis. iudicum 16°. c°.
Auferstehung Christi.
Jonas wird von dem Walfisch ausgespien.
Unterschrift: ystoria Jone. 2°. c°.

Tafel 28. Ruben sucht Joseph.
Unterschrift: ystoria ruben requirentis ioseph. genesis 37°. c°.
Die Frauen suchen den Leichnam Christi.
Die Braut sucht den Geliebten.
Unterschrift: ystoria filie iepte. iudicum XI°. c°[1]).

Tafel 29. Daniel in der Löwengrube.
Unterschrift: ystoria danielis. danielis 15°. c°.
Christus erscheint Maria Magdalena.
Die Braut findet den Geliebten.
Unterschrift: Uxor phutifar requirit yoseph inhoneste. genesis 39°. c°[2]).

Tafel 30. Joseph gibt sich seinen Brüdern zu erkennen.
Unterschrift: moyses redit ad fratres suos. confrontans eos. exodi. 2°. c°.
Christus erscheint den Jüngern[3]).
Rückkehr des verlorenen Sohnes.
Unterschrift: david recipit in gratiam Semey qui maledixerat ej.[4]) 2°. regum. 19°. c°.

Tafel 31. Gideon und der Engel.
Unterschrift: Gedeon petit signum ab angelo de liberatione israel. Judicum. 6°. c°.
Christus und der ungläubige Thomas.
Jakob ringt mit dem Engel.
Unterschrift: Jacob luctatur cum angelo ut benedicat ej genesis 32°. c°.
ystoria jacob genesis 32°. c°.

Tafel 32. Henoch wird in das Paradies gehoben.

---

[1]) Diese Unterschrift beruht auf einem Mißverständnis. Es handelt sich tatsächlich um die Szene des Hohenlieds 3, 1 ff.

[2]) Auch hier handelt es sich tatsächlich um eine Szene des Hohenlieds (3, 4).

[3]) Joh. 20, 19.

[4]) Die Szene, die hier der Simei-Geschichte angeglichen ist, ist in der traditionellen Abfolge als Rückkehr des verlorenen Sohnes gemeint.

Unterschrift: ystoria enoch genesis 5°. c°.
Christi Himmelfahrt.
Elias Himmelfahrt.
Unterschrift: ystoria helye. 4°. regum. 2°. c°.

Tafel 33. Moses empfängt die Gesetzestafeln.
Unterschrift: ystoria moysy. exodi. 19°. c°.
Pfingsten.
Das Feuer des Herrn verzehrt das Opfer des Elias.
Unterschrift: ystoria helye 3°. regum 18°. c°.

Tafel 34. Bathseba neben Salomo auf dem Thron.
Unterschrift: Salomo sedit cum betsabee matre sua in trono. 3°. regum. 2°. c°.
Krönung der Maria.
Esther von Ahasveros zur Königin erhoben.
Unterschrift: ystoria hester regine. hester. 2°. c°.

Tafel 35. Urteil Salomos.
Unterschrift: ystoria duarum meretricum. 3°. regum 3°. c°.
Das jüngste Gericht.
David läßt den Überbringer von Sauls Krone hinrichten.
Unterschrift: Joab et Semey mandantur occidi a Salomone[1]) 3°. regum. 2°. c°.

Tafel 36. Untergang der Rotte Korahs, Dathans und Abirams.
Unterschrift: ystoria dathan et abirom. numerj. 16°. c°.
Der Zug der Verdammten in die Hölle.
Untergang Sodoms und Gomorrhas.
Unterschrift: ystoria subversionis soddome genesis 19°. c°.

Tafel 37. Mahl der Kinder Hiobs.
Unterschrift: filii iob faciunt convivium. Job. 1°. c°.
Die Seligen in Abrahams Schoß.
Jakobs Traum von der Himmelsleiter.
Unterschrift: ystoria Jacob. Genesis 28°. c°.

Tafel 38. Die Tochter Zions findet ihren Bräutigam.
Unterschrift: hester placat regem assuerum [1]). hest. 5°. c°.
Die Krone des Lebens.
Der Engel verheißt dem Weibe Manoahs einen Sohn [2]).
Unterschrift: Uxor manue placat angelum. iudicum. 13°. c°.

---

[1]) Diese Unterschrift beruht auf einem Mißverständnis des Schreibers.

[2]) Im Blockbuch steht an dieser Stelle die Erscheinung des Engels an Johannes (Offenb. Joh. 21, 9 ff.).

Tafel 39. Synagoge und Kirche.
Tafel 40. Die Könige und Propheten.
Tafel 41. Das heilige Kreuz. Die Zwölf Apostel.
Tafel 42. Der Vierzehnarmige Leuchter (ist nicht faksimiliert).

*

Die Illustrationen sind in braunschwarzer Tinte gezeichnet ohne jede Kolorierung. Durch senkrecht oder überkreuz geführte Schraffierung wird eine reliefartig flache Modellierung erzielt, die bei der Regelmäßigkeit der Strichlagen oft etwas hart und kalt wirkt. Die Zeichnung ist skizzenhaft ohne besondere Sorgfalt ausgeführt. Man merkt, daß es hier nicht darauf ankam, eine Handschrift für den Verkauf zu schaffen, sondern die fremde Vorlage, die den Künstler ihrer Typologie wegen oder aus einem anderen Grunde interessierte, für eigene Verwendung zu kopieren. Die Sicherheit, mit der ein Körper, ein Arm oder Kopf in der Verkürzung gezeichnet ist, verrät eine geübte Hand. Zweifellos war der Künstler kein Anfänger mehr. Der Duktus seiner Zeichnung ist fertig; man merkt da kein Schwanken, sein Strich ist fest und sicher, routiniert die Art, wie die Figuren mit wenig Mitteln gezeichnet und zu Gruppen zusammengefaßt sind. Seine künstlerischen Qualitäten waren allerdings unbedeutend. Vielleicht kann man die Arbeit des Kopierens bis zu einem gewissen Grade für das Schematische seiner Zeichnung verantwortlich machen; auch von der Vorlage, die sicher eine deutsche Volkshandschrift gewesen war, mag manches Ungelenke und Primitive mit in die Kopie gekommen sein. Bei der Rekonstruktion der Vorlage müssen wir noch näher untersuchen, in welchem Abhängigkeitsverhältnis Original und Kopie zueinander stehen, und auf wessen Konto diese und andere Besonderheiten der Darstellung zu setzen sind.

Daß der Rotulus als Vorlagenwerk für spätere Arbeiten gedacht war, ist eindeutig. Aus diesem Grunde die ungewöhnliche Form der Rolle, die sich leichter verpacken und transportieren läßt als ein gebundenes Buch. Für die Rollenform findet sich im Umkreis der Biblia pauperum-Handschriften kein Analogon; doch ist es nicht unwahrscheinlich, daß die friesartig gruppierten Illustrationen des Codex 370 der Wiener Nationalbibliothek eher nach einer solchen Rolle als nach einem Wandbildzyklus kopiert wurden. Eine eigenartige Form, die wir in diesem Zusammenhang nicht übergehen dürfen, hat die sehr interessante und wohl auch älteste Biblia pauperum-Handschrift, die sich in der Sammlung des Baron von Rothschild in Paris befindet.

Der Codex, der in der Literatur als verschollenes Weigelsches Fragment geführt wird [1]) und mit der Armenbibel im Augustiner-Chorherrenstift St. Florian auf eine gemeinsame Vorlage zurückgeht, ist so auf ein großes Pergamentblatt gezeichnet, daß immer drei typologische Gruppen nebeneinander standen. Bevor das Blatt zerschnitten wurde, mußten die beiden obersten Reihen bereits gefehlt haben; denn die 13.—15. Gruppe ist von einer Hand des XVII. oder XVIII. Jahrhunderts mit III, die 25.—27. mit VII bezeichnet worden. Auf einzelnen Bildern sind Reste des Textes oder der Zeichnung der vorhergehenden oder folgenden Darstellungen erhalten, die mit diesen Bezeichnungen den Beweis für die Tafelform dieser Biblia pauperum zweifelsfrei erbringen. Auch hier hat man wohl aus praktischen Gründen eine andere Form gewählt, um die Armenbibel, die als Wandtafel für den Unterricht oder wahrscheinlicher noch als Vorlage für eine Malerwerkstatt gedacht war, besser verwenden zu können.

Daß es unserem Kopisten nur auf die Bilderfolge ankam, beweist ferner das völlige Fehlen des Armenbibeltextes. Die Bilderklärungen unter den Darstellungen des Alten Testamentes sind in italienischer Bastarda entweder von dem Zeichner selbst geschrieben worden, der vielleicht den deutschen Text seiner Vorlage nicht lesen und verstehen konnte und aus diesem Grunde wohl auch den ganzen Text fortgelassen hat; oder sie sind, und das ist eher anzunehmen, später, jedenfalls aber noch im 15. Jahrhundert von jemandem hinzugefügt worden, der die Vorlage nicht gesehen hat. Denn der Kopist hätte in dem deutschen Text wenigstens die Namen der dargestellten Personen lesen und so leicht die Szenen richtig deuten können. Die Möglichkeit übrigens, daß auch die deutsche Vorlage ohne Text gewesen war, ist wenig wahrscheinlich, aber doch nicht ganz von der Hand zu weisen.

Interessant ist an den Bilderklärungen der Versuch des Schreibers, bei einzelnen Szenen, die er richtig erkannt hat, ein besseres typologisches Vorbild zu finden. So bei der Verkündigung Mariä (Tafel 1) an Stelle der Verfluchung der Schlange die Verkündigung der Geburt des Simson (wie bei dem Speculum humanae salvationis) oder bei der Flucht nach Ägypten (Tafel 5) statt der Flucht Jakobs die Flucht des Propheten Elia vor Isebel. Diese Verbesserungen sind aber keines-

---

[1]) Cornell, Biblia pauperum, S. 76; dort weitere Literatur. André Blum, Un manuscrit inédit du XIII. siècle de la Bible des pauvres. Fondation Piot 28. Joh. D. F. Sotzmann hat die Handschrift noch in Weigelschem Besitz gesehen. Eine Pause einiger Illustrationen und eine Beschreibung befindet sich in seinem wissenschaftlichen Nachlaß in der Preußischen Staatsbibliothek ms. germ. fol. 1325.

wegs der italienischen Typologie entnommen, sondern meist recht willkürlich gewählt. Das ergibt sich schon daraus, daß viele der mißverstandenen Darstellungen typologisch garnicht nachweisbar sind. Jedoch war der Schreiber immer darauf bedacht, das System der Biblia pauperum zu wahren und da, wo er alttestamentliche Szenen mißverstand, ein Vorbild zu suchen, welches zu den Szenen des Neuen Testamentes in typologische Beziehung gesetzt werden konnte. Er ist dabei sogar konsequenter vorgegangen als die Armenbibel selbst, in der ja als Vorbild der Erscheinung Christi bei den Jüngern (Tafel 30) die Rückkehr des verlorenen Sohnes, also eine Geschichte aus den Gleichnissen, sich findet, während der Schreiber hierfür die Versöhnung zwischen David und Simei setzt. Die Mißverständnisse treten übrigens nur da auf, wo das Bild ein nicht ganz eindeutiges Geschehen schildert. Wie sich der Schreiber um die Erklärung der Darstellung bemüht hat, geht aus der Unterschrift unter der Flucht Davids vor den Häschern Sauls (Tafel 5) hervor, die er für die Flucht der Kundschafter aus Jericho hält, aber darunter bemerkt, daß der Kundschafter, der da aus dem Fenster gelassen wird, keine Krone tragen dürfe.

*

Kein Vermerk sagt uns, wann und wo der Rotulus entstanden ist. Nur der Stil der Zeichnungen und die Tracht der Figuren geben uns Anhaltspunkte, Zeit und Ort der Entstehung zu ermitteln; aber da ist von der älteren Vorlage manches Art- und Zeitfremde mithineingeraten. Die Illustrationen wirken wie eine schlechte Übersetzung, die unfrei, aber doch nicht wortgetreu weder das Vorbild ganz deutlich in allen Einzelheiten erkennen läßt, noch selbst von der Individualität des Zeichners ein klares Bild gibt. Die Vorlage ist verloren gegangen, läßt sich aber auf einem Umweg ohne große Schwierigkeiten rekonstruieren; denn der Rotulus zeigt eine so weitgehende Übereinstimmung mit den Holzschnitten der 40 blättrigen Blockbuchausgabe, die ein oder zwei Jahrzehnte später entstanden sind, daß wir für beide ein gemeinsames Vorbild annehmen müssen und leicht davon überzeugt werden, wie getreu der italienische Zeichner wenigstens die Kompositionen der einzelnen Bilder kopiert haben muß. Nur bei den Darstellungen des Neuen Testamentes ist die Abhängigkeit von der Vorlage geringer und die Vermischung deutscher und italienischer Bildtradition stärker. Wenn wir das gemeinsame Vorbild als eine einzige Handschrift ansehen, so ist dies eine Hypothese, die wir zur Vereinfachung unserer Untersuchung aufstellen wollen. Wahrscheinlich haben dem Blockbuch und dem Rotulus zwei verschiedene Handschriften vorgelegen, deren Unterschiede aber so gering gewesen sein müssen, daß sie praktisch nicht ins Gewicht fallen. Mit dieser Einschränkung läßt sich die Vorlage, die wir die Handschrift x nennen wollen, fast mathematisch genau errechnen. Alles, was im Blockbuch und im Rotulus übereinstimmt, und das ist sehr viel, muß auch in der Vorlage vorhanden gewesen sein. Das typisch Italienische im Rotulus ist auf die Rechnung des Zeichners, und das typisch Niederländische im Blockbuch auf die des Holzschneiders zu setzen. Was sonst an Verschiedenheiten übrigbleibt, geht, soweit es sich um altertümliche Formen handelt, auf Abweichungen zwischen den beiden kopierten Handschriften zurück, oder muß als Zutat der Kopisten angesehen werden.

Um den Rotulus datieren und lokalisieren zu können, müssen wir zunächst alles das unberücksichtigt lassen, was er aus der Vorlage übernommen hat und die Kriterien vorwiegend in Einzelheiten der Zeichnung, in der Art der Schraffierung, im Ausdruck, in der Bewegung und Tracht der Figuren suchen. Ehe wir aber diese Trennung von Übernommenem und Eigenem vornehmen können, ist es nötig, die Bildform der Zeichnung im ganzen zu analysieren.

Die Komposition wirkt durchweg altertümlich. Sie arbeitet mit den Darstellungsmitteln, die am Ende des 14. Jahrhunderts für die Buchkunst charakteristisch sind. Die Bildbühne ist sehr eng, von welligen, oft zerklüfteten Hügelkulissen ohne erkennbare Tiefe begrenzt. Die Vorderkante des Bodens ist faltig gebrochen. Horizont und Himmel sind nicht dargestellt. Die Elemente der Landschaft erscheinen noch ganz unentwickelt. Kleine schematisch gezeichnete Bäume beleben die Oberkante der Hügelkulissen und schwache Andeutungen von Gras und Blumen den Vordergrund. Der enge Raum gibt den Figuren wenig Bewegungsfreiheit. Sie müssen dicht an der vorderen Bildkante stehen und haben nur nach den Seiten hin eine sehr beschränkte Möglichkeit sich zu entfalten. Größere Gruppen sind eng zusammengedrängt, gelegentlich wie im 14. Jahrhundert an den Bildseiten zu übereinanderstehenden Köpfereihen geordnet. Doch ist die Zahl der Statisten neben den Hauptfiguren trotz der Raumenge sehr groß, größer jedenfalls, als es im allgemeinen bei Armenbibeln des 14. Jahrhunderts der Fall ist.

Die Darstellungen sind still; nur ganz selten spürt man etwas von dem Affekt der doch oft dramatischen Szenen. Von dem spätgotischen Temperament, das wir in der deutschen Vorlage vermuten können, ist hier nichts zu merken. Die Figuren bewegen sich ruhig, fast teilnahmslos mit unveränderlichen Mienen. In den würdevollen Gesten und dem fließenden Fall der Gewänder prägt sich der Formalismus der italienischen Kunst aus. Einzelne stark realistische Züge wie die karikierten Köpfe und zerrissenen Kleider der Henker Christi (Tafel 24) sind wohl der Vorlage entnommen.

Architekturen sind maßstäblich viel zu klein und perspektivisch sehr unsicher gezeichnet. Als ein räumlich unklares Gewirr von Dächern, Kuppeln, Türmen und Hausgiebeln mit Schornsteinen und vielen Fenstern erscheinen die Städte, denen nie die zinnengekrönte Mauer und das turmbewehrte Stadttor fehlt. Die Innenräume, die merkwürdigerweise bei den Szenen des Neuen Testamentes nie zur Darstellung kommen, werden bei den alttestamentlichen Bildern durch ein reichverziertes Balkendach oder Kreuzgewölbe mit perspektivisch unsicheren Wänden angedeutet. Die Freude des Zeichners am architektonischen Ornament, die in den Bildumrahmungen zum Ausdruck kommt, zeigt sich auch an den Thronsitzen, dem Hauptmobiliar, denen selten ein reich ornamentierter Baldachin fehlt.

Die Kompositionsform und die Primitivität der Raumdarstellung lassen vermuten, daß der Rotulus um die Wende des 14. und 15. Jahrhunderts entstanden ist. Dem widerspricht aber die Tracht der Figuren, die zwar nirgendwo ausgesprochen modisch wirkt, aber doch unzweifelhaft als die Tracht aus der Zeit um 1450 zu erkennen ist. Einige ältere Formen sind wie die unentwickelte Komposition aus der Vorlage entnommen, alle übrigen Kleider zeigen unverkennbar die Mode der Jahrhundertmitte.

Wir müssen also die Mitte des 15. Jahrhunderts als Entstehungszeit des Rotulus annehmen und zwar eher das letzte Jahrzehnt der ersten Hälfte als das erste der folgenden. Einen früheren Termin anzusetzen verbietet die Tracht und gegen einen späteren spricht der Stil der Zeichnung. Die etwas schematische flachmodellierende Schraffierung, die geschlossene Kontur, welche kaum den Faltenwurf der Gewänder berücksichtigt, das unentwickelte Raumgefühl und die unsichere Perspektive, für die das Vorbild nicht allein verantwortlich gemacht werden kann, das alles deutet auf die Zeit um 1450.

Wann die deutsche Handschrift, die dem Rotulus als Vorlage diente, nach Italien kam, läßt sich nicht feststellen. Es liegt nahe, an die Jahre der großen Konzilien zu denken, in denen italienische Geistliche auf deutschem Boden weilten, jahrelang ein reger geistiger Verkehr über die Alpen bestand und die Möglichkeit, deutsche Handschriften zu sehen und zu erwerben, leicht gegeben war. Das Konstanzer Konzil (1414—1418) erscheint hierfür etwas früh, aber durchaus noch im Bereich der Möglichkeit. Das Konzil zu Basel (1431—1449) fällt in die Zeit, die eher für die Entstehung unseres Rotulus in Betracht kommt. Vielleicht gehörte sein Zeichner zum Gefolge eines hohen italienischen Geistlichen oder Gesandten und hat ihn in Basel selbst nach dem Exemplar irgendeiner Klosterbibliothek hergestellt. Vielleicht haben aber auch reisende Kaufleute die Vorlage des Rotulus nach Italien gebracht. Wir sind über die näheren Umstände der Entstehung leider auf Vermutungen angewiesen.

Noch schwieriger ist die Frage nach dem Entstehungsort zu beantworten. Der Künstler ist unbekannt. Einem großen Meister können diese Zeichnungen nicht zugesprochen werden, und unter den handwerklichen Arbeiten der Tafelmalerei die Hand des Zeichners dieser von der Vorlage so stark beeinflußten Illustrationen herauszusuchen, würde zu einem wenig überzeugenden Ergebnis führen. In der italienischen Buchkunst dieser Zeit überwiegen die Deckfarbenminiaturen so sehr, daß sich hier wenig Vergleichsmöglichkeiten ergeben. Wir müssen uns auch in diesem Fall wieder mit Kriterien allgemeiner Art weiterhelfen.

Der Stilcharakter des Rotulus ist oberitalienisch ohne ausgesprochen lokale Färbung. Die etwas harte und herbe Zeichnung der Figuren erinnert an lombardische, besonders Veroneser Arbeiten. Für Venedig sprechen dagegen die Architektur der Stadtbilder und besonders die merkwürdigen Schornsteine mit dem trichterförmigen Aufsatz. Die architektonische Umrahmung, in der auch manches an venezianische Formen erinnert, findet sich allerdings sehr ähnlich noch in einer anderen Handschrift (Stowe Ms. 7 im Britischen Museum), die sicher nicht in Italien entstanden ist; sie kann also zur Lokalisierung nur mit Vorsicht verwendet werden. Durch einen Vergleich mit venezianischen Arbeiten der ersten Jahrhunderthälfte gewinnt die Vermutung, daß der Rotulus trotz fremder Stilelemente in Venedig entstand, an Wahrscheinlichkeit. Es ergeben sich eine ganze Menge ikonographischer Beziehungen, die zwar nirgendwo eindeutig die venezianische Herkunft beweisen, aber doch einen auffallenden Zusammenhang mit venezianischen Arbeiten bezeugen.

Das um 1460 in Venedig entstandene Blockbuch der Passion Christi zeigt in manchen Szenen, bei der Handwaschung des Pilatus, bei der Kreuztragung, vor allem aber bei der Gefangennahme Christi so viele Ähnlichkeiten mit den Zeichnungen des Rotulus, daß man an eine durch Zwischenglieder getrübte Abhängigkeit zu denken geneigt ist. Allerdings muß bei so oft dargestellten Szenen wie der Passion Christi die ikonographische Übereinstimmung noch größer sein, um ein direktes Abhängigkeitsverhältnis zweifelsfrei zu beweisen. Auffallend ist auch hier wie bei dem Rotulus die gleiche wuchernde architektonische Ornamentik, die gleiche Konstruktion der Innenräume, und dieselbe Enge der Bildbühne. All dieses läßt sich aber mehr oder weniger ähnlich auch anderswo nachweisen. Das venezianische Blockbuch bringt uns in der Frage der Provenienz und der Datierung der Konstantinopeler Armenbibel nicht viel weiter, zumal die Fragenkomplexe um diese Passionsholzschnitte noch keineswegs geklärt sind. Sicher entstanden sie in dieser Form nicht erst um 1460; nach der Art der Komposition und der Tracht der Figuren müssen wir das Original wenigstens 20 Jahre früher datieren.

Das Einzelblatt der Grablegung Christi in der Pariser Nationalbibliothek scheint mir viel eher der Rest der ursprünglichen Folge als eine Kopie nach dem Berliner Exemplar (wie Kristeller meint) zu sein. Dieses zu untersuchen würde uns zu weit von unserem Thema abführen und doch nichts Wesentliches zur Klärung unserer Fragen beitragen können. Möglicherweise sind die ikonographischen Beziehungen des Rotulus zu Venedig auf einen nicht mehr feststellbaren Zusammenhang mit dem Original des Blockbuches zurückzuführen und deshalb von sehr fragwürdiger Beweiskraft für die Lokalisierung.

Die Ähnlichkeit der Zeichnungen mit anderen Arbeiten venezianischer Kunst beruht auch wieder vorwiegend auf ikonographischen Einzelheiten, die wiederum durch die Blockbuchpassion vermittelt sein können.

Mehr als die Möglichkeit, daß die Armenbibel in Venedig entstand und der Zeichner ein Venezianer war, ergibt also ein Stilvergleich nicht. Zu viel ist verloren gegangen; alles, was der Zeichner geschaffen hat, ist versunken bis auf diese seine Kopie einer landfremden Vorlage. Mit der Vermutung, daß er in Oberitalien, vielleicht in Venedig um die Mitte des 15. Jahrhunderts tätig war, müssen wir uns vorläufig begnügen.

*

Die Bedeutung des Rotulus für die Geschichte der Armenbibel liegt in der Möglichkeit, die Vorlage zu rekonstruieren und so seine Tradition und die des 40 blättrigen Blockbuches weiter zurück verfolgen zu können. Der Rotulus ist ein Außenseiter, der weder in Italien noch anderswo eine Nachfolge gehabt hat. Die zweite italienische Armenbibel, im Besitz der Sammlung Rosenthal in München, erweist sich als sichere Kopie des 40 blättrigen Blockbuches. Sonst ist keine Biblia pauperum italienischer Provenienz bisher bekannt geworden. Der späte, nach 1510 erschienene Druck der »Opera nova contemplativa« des Zoan Andrea Vavassore scheidet für unsere Untersuchung aus, da er ikonographisch auf andere Quellen zurückgeht.

Im eigenen Lande ist also der Seragliensis in keine Armenbibeltradition einzuordnen, weil es nach dem Stand unserer heutigen Kenntnis keine solche Tradition gab. Dagegen können wir dank der Treue des Zeichners uns ein ziemlich vollständiges Bild von der Handschrift machen, nach welcher der Rotulus kopiert wurde. Wir sahen bereits, daß Komposition und Bildbühne nach den Methoden aufgebaut sind, die am Ende des 14. Jahrhunderts gebräuchlich waren. Wenn wir der Vorlage selbst noch soviel Konservativismus zubilligen, wie ihn in dieser Zeit fast alle kopierten Handschriften zeigen, dann ergibt sich mit großer Wahrscheinlichkeit das erste Viertel des 15. Jahrhunderts als Entstehungszeit der Vorlage. Einzelne Kostüme, einzelne Besonderheiten der Rüstung, vor allem bei allein dargestellten Figuren (Gideon, David usw.), die sich im Rotulus erhalten haben, bestätigen die Richtigkeit dieser Datierung. Einen weiteren ziemlich eindeutigen Beweis gibt ein so ausgesprochen modisches und wechselndes Kleidungsstück wie der Kruseler, den die Sunamitin auf dem Bilde der Erweckung ihres Sohnes (Tafel 11) auf dem Kopf trägt, eine Mode, die hauptsächlich in Deutschland in dieser Form im ersten Viertel des 15. Jahrhunderts verbreitet war und in Italien nicht nachweisbar ist. Daß auch ikonographisch keine andere Möglichkeit bleibt als die Vorlage in die ersten Jahrzehnte des 15. Jahrhunderts zu verlegen, soll beim Vergleich der einzelnen Szenen mit dem 40 blättrigen Blockbuch noch näher begründet werden. Über die engere Heimat der Handschrift x läßt sich begreiflicherweise nichts ermitteln. Irgendwelche Reste eines Lokalstiles sind nicht mehr zu entdecken. Höchstens die in Haltung und Tracht außerordentlich verschieden dargestellten Halbfiguren der Propheten, die gelegentlich fast ganz in Rückenansicht gesehen sind, erinnern in der Sucht nach Abwechslung an bayrische und oberrheinische Arbeiten.

Einfacher läßt sich die Frage beantworten, ob das Original die gleiche Bildanordnung hatte wie der Seragliensis. Auffallend ist, daß die Spruchbänder der Propheten fast durchweg fehlen, und daß über und unter den Bildern des Alten Testamentes kein Platz für die Lektionen gelassen ist. Entweder standen die Prophetensprüche und die Lektionen auf dem im Rotulus freigelassenen, im Original natürlich breiteren Streifen rechts und links der Bildgruppen, die Tituli unter den Bildern selbst, oder der Zeichner hat auf die Spruchbänder der Propheten verzichtet und an Stelle der Beschriftung, die über den Bildern des Alten Testamentes gestanden hat, die Fenster eingezeichnet. Ich glaube, die erste Annahme, daß nämlich die ganze Beschriftung an den Seiten der Bildgruppen stand, eine Form der Anordnung, wie sie in den Münchener Handschriften clm 23 425, 23 426, 19 414, 4 523, in der Londoner Handschrift Add. ms. 31 303 u. a. nachweisbar ist, hat die weitaus größere Wahrscheinlichkeit für sich. Denn erstens wäre nicht einzusehen, warum der Kopist den leeren Raum zwischen den Gruppen gelassen haben soll, wenn ihn nicht die Vorlage dazu angeregt hätte, und zweitens hat man durchaus nicht den Eindruck, als ob der Zeichner die Anordnung der Bildgruppen so gewaltsam geändert hat, daß er den für die Beschriftung vorgesehenen Platz in die Bildumrahmung mit einbezogen hat. Die Spruchbänder der Propheten waren in der Vorlage wohl ähnlich wie im Blockbuch über und unter den alttestamentlichen Szenen geführt; dafür sind in der Kopie diese Szenen etwas mehr in die Länge gezogen. Wir werden später noch sehen, daß die Handschriften, von denen die Vorlage abzuleiten ist, diese Anordnung von Bild und Text zeigen.

Auch für das 40 blättrige Blockbuch haben wir bestimmte Anhaltspunkte, daß es nach einer Handschrift kopiert wurde, die vor der Mitte des Jahrhunderts entstanden sein muß. Auch hier geben modische Formen der Tracht den Beweis; der Kruseler der vordersten Frau beim Einzug Davids, der genau so auf dem Porträt der Frau des Jan van Eyk von 1439 vorkommt, um nur ein (relativ spätes) Beispiel von vielen zu nennen, die langen Zaddelärmel Joabs, der größte Teil der Rüstungen deuten darauf hin, daß diese Handschrift aus dem zweiten, wenn nicht schon aus dem ersten Viertel des 15. Jahrhunderts stammen muß. Dieselben Schlüsse läßt die nur mühsam einem späteren Stilempfinden angepaßte Bildkomposition zu.

*

Wir wollen nun versuchen, durch einen Vergleich von Blockbuch und Rotulus die gemeinsame Vorlage x noch näher und besser zu rekonstruieren.

Das Blockbuch hat eine etwas andere Bildanordnung als der Rotulus. Die architektonische Umrahmung ist wesentlich einfacher, die Bilder aus den Evangelien sind nur unwesentlich kleiner als die alttestamentlichen Szenen, während bei dem Rotulus das Größenverhältnis dem Schema der älteren Handschriften, wo das Mittelbild in einem kleinen Medaillon untergebracht wurde, näher steht.

Die Lektionen, die bei dem Blockbuch über den Seitenbildern

stehen, sind bei der Konstantinopeler Armenbibel fortgefallen. Ob praktische Gesichtspunkte den Holzschneider zu dieser Anordnung veranlaßt haben oder ob die Vorlage schon so aufgebaut war, läßt sich schwer entscheiden. Die erste Annahme ist wohl die richtigere. Wir haben ja bereits gesehen, daß in einer ganzen Reihe von Handschriften Tituli und Lektionen rechts und links der Bildgruppe gestellt sind.

In den typologischen Gruppen stimmt das Blockbuch mit dem Rotulus vollkommen überein. Auch die Reihenfolge ist dieselbe. Nur besitzt das Blockbuch noch zwei Gruppen mehr, den Abschied Christi von seinen Jüngern und das Niederfallen der Häscher bei der Ölbergszene. Beide gehören nicht zu dem Urbestand der Armenbibel, sondern sind aus dem andern großen typologischen Zyklus, dem »Speculum humanae salvationis«, übernommen und können sehr wohl, da sie nur im Blockbuch und den danach kopierten Handschriften vorkommen, von dem Holzschneider hinzugefügt sein und in der Handschrift x gefehlt haben. Eine Gruppe hat das Blockbuch mit dem Rotulus gemeinsam, die sonst nirgendwo nachweisbar ist. Das ist die Gruppe mit der Krönung der Seligen (Tafel 38), die wir darum auch in der Handschrift x als vorhanden ansehen müssen.

Man könnte vermuten, daß durch die Übertragung auf den Holzstock die Illustrationen des Blockbuches ein Spiegelbild der Handschrift x und somit auch des Rotulus geben müßten. Das ist aber durchaus nicht der Fall. Die ikonographische Tradition ist so stark, auch für die Richtung einer Komposition, daß der Holzschneider daran nur in einigen wenigen Fällen etwas änderte, ebenso wie bei der Stellung der alttestamentlichen Szenen in den einzelnen Gruppen Rechts und Links niemals vertauscht ist. Im Gegensinn sind nur folgende Szenen dargestellt: Anbetung der Könige, Durchzug durch das Rote Meer, Erweckung des Lazarus, Cyrus gibt die Erlaubnis zum Wiederaufbau des Tempels, Christus vor Pilatus, Simson trägt die Tore von Gaza fort und Jakobs Kampf mit dem Engel. Alles Szenen, bei denen nicht, wie bei der Kreuztragung oder der Flucht nach Ägypten, eine Bewegungsrichtung für die Komposition wichtig ist. Im übrigen stimmen die Darstellungen des Blockbuches mit dem Rotulus, abgesehen von stilistischen Unterschieden, bis auf einige ikonographische Besonderheiten, die uns noch weiter interessieren werden, überein. Zuweilen ist die Figurenzahl in den Holzschnitten größer oder kleiner als in den Zeichnungen; gelegentlich sind auch die Requisiten der Bildbühne ein wenig anders gestellt, aber dies alles ist ziemlich unwesentlich bei dem hohen Grad der Ähnlichkeit, die beide verbindet.

Aufschlußreicher sind ikonographische Abweichungen, die Rückschlüsse auf die Arbeitsweise des Zeichners oder des Holzschneiders zulassen, vor allem aber weitere Fingerzeige für das Aussehen der Handschrift x geben können. Hierauf wollen wir nun nach der Reihenfolge der Bilder näher eingehen und sie in diesem Sinne auszuwerten versuchen. Wir wollen auch gleichzeitig bei den Darstellungen, die um die Wende vom 14. zum 15. Jahrhundert eine Wandlung ihrer traditionellen Form durchgemacht haben, den Stand der Entwicklung zu ermitteln versuchen, den sie in der Handschrift x hatten.

Eva und die Schlange (Tafel 1). Ursprünglich ist diese Szene als Verfluchung der Schlange durch Gottvater gedacht und im ganzen 14. Jahrhundert auch so dargestellt. Die Fassung, daß Eva neben der aufgerichteten Schlange steht und Gottvater als Halbfigur in dem Baum sichtbar ist, kommt nur im Rotulus und dem 40 blättrigen Blockbuch (natürlich auch in den danach kopierten Handschriften) vor. In einigen späteren Manuskripten verschmilzt diese Szene mit dem Sündenfall, der ja an anderem Platz in der Biblia pauperum nochmals als typologisches Vorbild verwendet ist. Auch bei der Verkündigung Mariä (Tafel 1) ist nur im Rotulus und im Blockbuch die Gottesmutter sitzend dargestellt. Die anderen Armenbibeln zeigen im 14. Jahrhundert Maria stehend, im 15. Jahrhundert kniend. Dem Rotulus fehlt der Kopf Gottvaters und die kleine Figur des Christusknaben mit dem Kreuz, die vielleicht als Zutaten des Holzschneiders anzusehen sind.

Bei Gideons Fellwunder (Tafel 1) sind in der Konstantinopeler Armenbibel merkwürdigerweise der Tauregen und das Vließ, die doch eine sehr wesentliche Rolle in der Wundererzählung spielen, nicht dargestellt. Aber hierfür gibt es in der Biblia Pauperum und mehr noch in dem Speculum humanae salvationis Analogien insofern, als in einer Reihe dieser Handschriften das Fell (oft mit den Regenstrahlen) zu einem undefinierbaren Gebilde stilisiert wurde.

Eine Form des 14. Jahrhunderts zeigt der Rotulus in dem Bild von dem brennenden Dornbusch (Tafel 2), bei dem die Flammen fehlen. Im Blockbuch sind die Flammen dargestellt, ebenso die allgemein übliche Szene, wie Moses die Schuhe auszieht.

Einen alten Typus verkörpert ferner die auf ihrem Lager sitzende Maria bei der Geburt des Heilands (Tafel 2) . Nur spielt diese Szene in den Holzschnitten auf einer durch Zaun, Bretterwand und Krippe wenigstens notdürftig als Stall angedeuteten Bildbühne, während der

Rotulus eine räumlich unverständliche Landschaft zeigt, also eine ältere Bildform bewahrt.

Bei der Anbetung der Könige (Tafel 3) ist der Holzschnitt in der Komposition das Spiegelbild der Zeichnung. Hierfür ist aber weniger die Übertragung in die graphische Technik, als ein Wandel des Bildtypus verantwortlich zu machen. In den älteren Anbetungsbildern ist der Zug der Könige fast immer von links nach rechts, in den späteren in umgekehrter Richtung dargestellt. Der Rotulus vertritt also auch hier wieder die ältere Form, vermehrt um die Figur des Joseph, die in den Armenbibeln des 14. Jahrhunderts meist fehlt und im Blockbuch wohl nur aus Platzrücksichten fortgelassen wurde.

Die Unterschiede bei der Gruppe der Darstellung Christi im Tempel (Tafel 4) und seinen Vorbildern sind geringfügig. Die im Gebet knienden Eltern Samuels lassen sich nur im Rotulus (Tafel 4), sonst in keiner Biblia pauperum nachweisen.

Bei der Flucht nach Ägypten (Tafel 5) ist die heilige Familie wie in einigen anderen Armenbibeln um einen Begleiter vermehrt. Der wegweisende Engel ist ungewöhnlich. Die beiden Vorbilder stimmen mit dem Blockbuch überein.

Bei dem Götzensturz (Tafel 6) entspricht die sitzende Maria des Rotulus wieder der älteren Form. Die Vorbilder sind völlig anders dargestellt als im Blockbuch, das auf den Typus der älteren österreichischen Handschriften zurückweist. Es fehlt das typologisch wichtige Motiv der Zerstörung der Gesetzestafeln und die an sich unwichtige Szene, wie Moses die Gesetzestafeln empfängt. Auf der Zeichnung ist bei dem zweiten Vorbild die Bundeslade in einen ummauerten und überdachten Tempelraum gestellt. So mag wohl auch die Darstellung in der Handschrift x ausgesehen haben, die im Holzschnitt aus technischen Gründen vereinfacht wurde.

Das Bild des bethlehemitischen Kindermordes (Tafel 7) ist im Rotulus offensichtlich unter dem Einfluß italienischer Ikonographie verändert worden, folglich für die Rekonstruktion der Vorlage nicht verwendbar. Die unwesentlichen Abweichungen bei den beiden Vorbildern lassen sich mit einer gewissen Unabhängigkeit des Kopisten und Holzschneiders leicht erklären.

Auf dem folgenden Bild (Tafel 8) ist aus der Harfe Davids in der Zeichnung eine heraldische Figur auf einem Schild geworden. Auch auf dem Holzschnitt ist nicht ganz klar, ob Schild oder Harfe gemeint ist. Diese Undeutlichkeit wird also auch in der Vorlage vorhanden gewesen sein.

Der Durchzug durch das Rote Meer und die Taufe Christi (Tafel 9) erscheinen im Blockbuch als Spiegelbild der Zeichnung. Bei den Kundschaftern mit der großen Traube ist im Rotulus ein ungewöhnliches Motiv, eine Stadt mit mehreren Figuren, die über die Mauer hinwegschauen, hinzugefügt.

Die folgenden Bilder sind wieder sehr ähnlich. Die Darstellung des Tempels bei der Versuchung Christi (Tafel 10) in den Holzschnitten [1]) ist wohl aus dem Speculum humanae salvationis übernommen worden, in dem auch die Versuchungsszene auf dem Dach des Tempels geschildert wird. Die merkwürdige Geste Adams beim Sündenfall ist nicht in Biblia pauperum-Handschriften [2]), wohl aber sonst in Italien, Frankreich und Spanien zu finden.

Die Abweichungen bei der nächsten Bildgruppe lassen sich wieder am einfachsten dadurch erklären, daß der Holzschneider aus technischen Gründen manches (Innenraum, Gottvater), fortgelassen, der Zeichner einiges hinzugefügt hat. Der Rotulus zeigt bei der Erweckung des Knaben durch Elia (Tafel 11) die allgemein übliche Darstellungsform. Der am Boden liegende tote Knabe kommt nur in dem Blockbuch vor. Der in den Zeichnungen parallel zum Bildrand gestellte Sarkophag des Lazarus und das Bett, auf dem der Sohn der Sunamitin liegt, entsprechen der älteren Kompositionsform. Da ein Prophetenspruch zu dieser typologischen Gruppe aus dem Lobgesang der Hanna (1. Samuel 2) zitiert ist, bringen einige Handschriften wie der Rotulus das Bild der Hanna, andere, darunter auch das Blockbuch, das Bild Samuels.

Daß bei dem Gespräch Abrahams mit den Drei Engeln im Rotulus (Tafel 12) die Engel mit verschränkten Armen stehen und nur einer von ihnen Flügel hat, ist eine Übersetzung der Vorlage in italienische Bildsprache. Der in der Mandorla stehende von Moses und Elia angebetete Christus stellt im Gegensatz zu den Holzschnitten den allgemein üblichen Typus dar. Sonne und Mond zu seinen Füßen und der Reichsapfel sind Ergänzungen des italienischen Zeichners. Ebenso findet sich die im Blockbuch fehlende Figur Christi bei den Drei Jünglingen im feurigen Ofen in fast allen Armenbibeln.

Sehr ähnlich sind die Darstellungen von der großen Sünderin bei dem Gastmahl Simons (Tafel 13), dem Einzug Christi (Tafel 14), der Vertreibung der Händler (Tafel 15) und die dazugehörigen typologischen Vorbilder. Der Rotulus scheint hier wieder der Vorlage näher

---

[1]) Im Rotulus ist die Wüstenszene dargestellt.

[2]) Die Heidelberger Handschrift pal. germ. 148 wandelt dieses Motiv in das Drastische und stellt dar, wie sich Adam übergibt. Diese Fassung findet sich auch gelegentlich in Historienbibeln. Eine Beziehung zum Rotulus ist nicht festzustellen.

zu stehen als das Blockbuch. Denn die Bildbühne bei der Buße Davids (Tafel 13) war in der Handschrift x sicher dem Rotulus ähnlicher als der etwas gewaltsamen Komposition des Blockbuches. Auch ist in den Zeichnungen vom Einzug Christi (Tafel 14) und seinen Vorbildern das Herauskommen des Zuges aus dem Stadttor viel deutlicher zum Ausdruck gebracht als in den Holzschnitten. Das viel zu kleine Tempelgebäude bei der Vertreibung der Händler (Tafel 15) deutet im Rotulus auf einen älteren Typ, die Architektur des Rundbaus auf italienische Zutaten. Die kleine Figur des Judas Makkabäus (Tafel 15) hat die Zeichnung mit der Handschrift x wohl sicher gemeinsam. Das Fehlen im Blockbuch läßt sich wieder mit technischen Gründen erklären.

Der Verrat des Judas (Tafel 16) und der Empfang des Verräterlohns (Tafel 17) finden sich in den Zeichnungen als sehr ähnliche Szenen dargestellt, im Blockbuch — und so wird es wohl auch in der Vorlage gewesen sein — sind beide deutlich voneinander unterschieden.

Im Rotulus ist bei dem nächsten Bild (Tafel 18) Abraham als König, im Blockbuch als Bischof dargestellt. Beide Formen sind in den Armenbibeln vertreten. Die Abendmahlsszene ist wieder sehr ähnlich. In den Holzschnitten ist nicht erkennbar, ob der Tisch rund wie im Rotulus oder rechteckig ist.

Auch die Bildgruppe der Gefangennahme (Tafel 19) zeigt in beiden Armenbibeln große Übereinstimmung. Im Rotulus ist die Gefangennahme um einige Figuren vermehrt, unter denen merkwürdigerweise ganz links am Bildrand Maria zu sehen ist.

Die Szene zwischen Isebel und Elia (Tafel 20) hat der Zeichner nicht verstanden und aus der Frau einen Mann gemacht. Bei den drei folgenden Bildern sind die Unterschiede gering. Nur die Handwaschung des Pilatus (Tafel 20) ist in der Zeichnung ein Spiegelbild des Holzschnittes.

Die Verspottung Christi im Rotulus (Tafel 21) wird die Darstellungsform der Handschrift x gewesen sein. Der Holzschnitt verwandelt diese Szene in eine Dornenkrönung, bei der merkwürdigerweise die Dornenkrone selbst fehlt. Ein besonderes Motiv zeigen die Zeichnungen bei der Verspottung des Elisa (Tafel 21), wo dargestellt ist, wie die Knaben mit Steinen nach dem Propheten werfen.

Bei den alttestamentlichen Bildern der nächsten sechs Gruppen zeigen Rotulus und Blockbuch nur geringe Verschiedenheiten: Abraham führt Isaak an der Hand (Tafel 22); bei der Erschaffung der Eva (Tafel 24) ist deutlich die Form der Rippe zu erkennen; bei dem Quellwunder Mosis (Tafel 24) trinkt Vieh aus dem Bach, ein Motiv, das auch in anderen Armenbibeln zu finden ist; Jonas (Tafel 25) wird direkt in den Rachen des Walfisches geworfen, ein älterer Typ der Darstellung, im Gegensatz zum Blockbuch; aus dem Stadttor von Gaza sieht eine Frau dem Simson nach, wie er die Tore fortträgt (Tafel 27). Diese kleinen Varianten sind wenig aufschlußreich.

Bei den Hauptbildern sind die Unterschiede aber so erheblich, daß wir für einige wie für die Kreuztragung (Tafel 22), den Lanzenstich (Tafel 24), die Grablegung (Tafel 25), die Höllenfahrt (Tafel 26) und die Auferstehung (Tafel 27) ganz andere Vorlagen annehmen müssen. Hier hat augenscheinlich eine Folge ähnlich der venezianischen Blockbuchpassion und möglicherweise verwandt mit ihr dem Zeichner vorgelegen. Es ist höchst unwahrscheinlich, daß die Armenbibel, nach welcher der Rotulus kopiert wurde, Szenen in dieser Fassung gehabt haben sollte. Dazu wirken die Darstellungen zu italienisch. Die Art, wie Christus sein Gewand trägt, das Fehlen des Höllenrachens bei der Höllenfahrt Christi, der Kriegsknecht, der bei der Kreuztragung den Kopf durch die Leiter gesteckt hat — ein typisch venezianisches Motiv —, und manches andere deuten auf italienische Bildtradition. — Ein weiterer Beweis für das Vorhandensein einer solchen Folge ist die Tatsache, daß gerade die Passionsszenen und nur sie ein so völlig anderes Aussehen haben.

Die 29. typologische Bildgruppe zeigt auch wieder bei den Nebenbildern einige Abweichungen. Wie in den meisten Armenbibeln ist in dem Rotulus auf Grund der auch in die Vulgata übergegangenen Apokryphen-Überlieferung dargestellt, wie Habakuk von dem Engel zu Daniel in die Löwengrube getragen wird. Dies Motiv fehlt im Blockbuch, möglicherweise wegen der Kleinheit der Figuren. Dann ist der Sponsus derselben Gruppe des Rotulus als junger unbärtiger Mann, im Blockbuch als Christus dargestellt. Auf dem Hauptbild der Zeichnung ist übrigens zu erkennen, daß der Kopist zuerst wohl aus Versehen das nächstfolgende Bild (wie Christus den Jüngern erscheint) zu zeichnen begonnen hat.

Das Hauptbild der nächsten Gruppe (Tafel 30) wirkt in dem schematischen Aufbau und der verunglückten Raumdarstellung sehr altertümlich und beweist wiederum, daß die Vorlage einige Jahrzehnte älter sein muß als die Kopie. Die Seitenbilder zeigen im Rotulus nur eine vermehrte Figurenzahl.

Auch die nächsten Bildgruppen haben, außer einer gelegentlich vermehrten Zahl von Statisten, keine wesentlichen Unterschiede aufzuweisen. Bei der Himmelfahrt des Elias sind im Blockbuch die Hinterteile der Pferde, die man im Rotulus (Tafel 32) wie in den meisten Armenbibeln sehen kann, weggelassen worden. Das sehr eigenartige Pfingstbild der Zeichnung dagegen (Tafel 33) ist wieder nach völlig anderem Schema komponiert und hat sicher eine andere Vorlage gehabt. Ebenso steht es mit der Darstellung vom jüngsten Gericht (Tafel 35). Christus thront mit den Halbfiguren der Maria und des Johannes, auf einem Wolkenkranz. Seine Füße stehen auf Sonne und Mond, eine ganz italienische Version. Der Regenbogen ist nur halb ausgefüllt, die Schwerter fehlen. Die Hinrichtungsszene rechts ist in dem Rotulus anders dargestellt. Es ist aber möglich, daß die Vorlage so ausgesehen hat, und daß die beiden Figuren des Vordergrundes im Holzschnitt weggelassen wurden.

Bei den drei letzten Bildgruppen bestehen nur geringe Unterschiede. In den Zeichnungen fehlen beim Untergang der Rotte Korah (Tafel 36) die fallenden Häuser, dafür schlagen Flammen aus den Erdrissen; der Zug zur Hölle ist einfacher und figurenärmer, sonst aber ähnlich. Der Untergang Sodoms wird realistischer als im Blockbuch durch brennende und einstürzende Gebäude gezeigt. Bei der Krönung der Seligen (Tafel 38) sitzt Christus auf einem Thron, von zwei musizierenden Engeln flankiert. Und auf dem Bilde rechts ist in der Zeichnung statt der Johannesszene des Blockbuches der Engel mit dem Weibe des Manoah dargestellt. Die Vorlage läßt sich hier schwer rekonstruieren, denn diese Szene kommt nur im Rotulus und in dem Blockbuch vor.

Das sind, bis auf unwesentliche Kleinigkeiten, die hauptsächlichsten Unterschiede zwischen Rotulus und Blockbuch. Die Aufzählung ist etwas langatmig, ließ sich aber nicht vermeiden; galt es doch möglichst viele Indizien zu sammeln, um die Handschrift x, soweit es irgend geht, zu rekonstruieren. Sie ist das seither fehlende Glied in der Armenbibeltradition, die zu dem 40blättrigen Blockbuch führt, und sie gibt uns wichtige Aufschlüsse über Weg und Formenwandel dieser Überlieferung. Der Rotulus ermöglicht es uns durch Vergleiche mit dem Blockbuch und anderen Armenbibeln ein ziemlich getreues Bild von dem Aussehen der Handschrift x zu gewinnen. Das ist seine wesentlichste kunsthistorische Bedeutung. Die an sich interessante Tatsache, daß so früh die deutsche Armenbibel in Italien kopiert wurde, und die Art, wie das geschah, ist daneben von geringerem Interesse. Darum müssen wir gerade der Handschrift x in unserer Untersuchung einen so großen Raum zubilligen. Nach dem Blockbuch allein, ohne Vergleich mit dem Rotulus, wäre sie nicht rekonstruierbar gewesen; weiß man doch nie, wie sehr die Vorlage durch die Übertragung in die graphische Technik verändert wurde. Ein so umfangreiches Werk wie die Armenbibel in Holz zu schneiden erfordert eine erhebliche Arbeitsleistung, die so ökonomisch wie möglich gestaltet werden mußte.

Auf diesen Umstand sind viele Unterschiede zwischen Rotulus und Blockbuch zurückzuführen. Deshalb ist auch der architektonische Rahmen der Holzschnitte ganz schlicht und geradlinig gehalten, die Bildbühne vereinfacht und nicht immer glücklich einem entwickelteren Raumgefühl angepaßt. Deshalb mußten auch die Figuren wesentlich größer werden, weil sie so leichter zu schneiden waren. Sie füllen nun so sehr den Raum, daß für Einzelheiten der Bildbühne nur noch wenig Platz blieb. Kleinere Figuren, wie sie im Rotulus des öfteren vorkommen und sicher in der Vorlage vorhanden waren, Engel, oder Halbfiguren Gottvaters in den Wolken, Staffagefiguren im Hintergrund mußten überall da fortbleiben, wo sie nicht unbedingt für das Bildverständnis von Wichtigkeit waren. Die Rotulus-Zeichnungen geben also viel mehr, und man darf wohl mit Recht vermuten, fast alles das wieder, was in der Vorlage enthalten war. Die fremde Ikonographie der Passionsszenen, zu denen noch die Darstellungen vom Kindermord, von der Taufe, Versuchung und Verklärung Christi hinzuzurechnen sind, darf keinen Zweifel an der Treue des Kopisten aufkommen lassen. Der beste Beweis dafür bleibt die weitgehende Übereinstimmung mit den übrigen Bildern des Blockbuches. Es kam dem Zeichner ja nicht auf die einzelne Bildform, sondern auf die typologische Reihe an. Er hat zwar den Passionsszenen die ihm geläufigere italienische Form gegeben, alle übrigen Darstellungen aber der Einfachheit halber so kopiert, wie er sie in der Vorlage fand.

*

Der Rotulus bewahrt im Vergleich zum Blockbuch fast durchweg den älteren Bildtypus. Entweder war seine Vorlage älter als die der Holzschnitte oder, und diese Annahme ist viel wahrscheinlicher, der Holzschneider hat die alten Bildtypen durch die in seiner Zeit üblichen Fassungen ersetzt. Der Rotulus steht also, was Bildanordnung, Größenverhältnis der drei Bilder untereinander und die Ikonographie anlangt der Handschrift x sehr viel näher als das Blockbuch. Ein Vergleich mit anderen Biblia-Pauperumhandschriften zeigt nun, zu welcher Überlieferung x gehört haben muß.

Die beiden aus dem Speculum humanae salvationis übernommenen Szenen, die sich allein im Blockbuch finden, müssen wir, solange sich kein Gegenbeweis findet, als Zutat des Holzschneiders ansehen und dürfen sie in der Vorlage kaum vermuten. Dagegen wird die Bildgruppe mit der Krönung der Seligen, die nur im Rotulus und Blockbuch belegbar ist, auch in der Vorlage enthalten gewesen sein.

Es hatte also die Handschrift, die wir rekonstruieren wollen, 38 typologische Bildgruppen in der Reihenfolge des Rotulus und des Blockbuches gehabt. Davon kommen zwei Bildgruppen nur in den Handschriften vor, die Cornell als westliche Gruppe bezeichnet, und zu der, wie er durch Übereinstimmung in der Reihenfolge der Bilder und Varianten der Tituli und Prophetensprüche zweifelsfrei beweist, das Blockbuch und damit auch seine und des Rotulus Vorlage zu rechnen sind.

Nur zwei Handschriften der westlichen Gruppe können uns weitere Fingerzeige für die Entstehung des Rotulus geben: der um 1400 in Flandern entstandene Codex Kings Mss. 5 und das um 1450 geschriebene Manuskript Stowe Ms. 7, beide im Britischen Museum in London. Die anderen Armenbibeln der westlichen Gruppe sind Kopien: Cod. 167 der Corpus Christi College Library in Cambridge nach Kings Mss. 5, die übrigen nach dem Blockbuch. Leider helfen uns auch diese beiden Handschriften nur sehr wenig weiter.

Der Maler des älteren Codex war ein so selbständiger Künstler, daß von der Handschrift, die ihm vorlag, kaum mehr geblieben ist als die Reihenfolge der Bilder. Fast alles hat er neu geschaffen in der Bildsprache seines Landes, die viel entwickelter war als diejenige des Ostens oder Südostens, woher seine Vorlage kam. Die geschlossenen Bildgruppen hat er aufgelöst in drei selbständige Bilder, die auf drei verschiedenen Seiten stehen. Die auf dem Lager liegende Maria bei der Geburt Christi und ein paar andere kleine Züge verraten, daß seine Vorlage wohl einige Jahrzehnte älter war. Mehr sagen aber diese sorgfältig, z. T. auf Goldgrund gemalten Miniaturen in den feinornamentierten Rahmen hierüber nicht aus.

Aufschlußreicher könnte die zweite Handschrift Stowe Ms. 7 sein, wenn sie nicht so unglaublich roh in der Ausführung wäre. Zudem ist dieser Codex erst sehr spät entstanden und zeigt fast durchweg den Wandel des Bildtypus, den die einzelnen Darstellungen am Anfang des 15. Jahrhunderts durchgemacht haben. Wir müssen, um die Tradition dieser Armenbibel bis in die Nähe unserer gesuchten Handschrift x zurückzuverfolgen, soviele Zwischenglieder einschalten, daß die Kontrolle über die Formenwandlung verloren geht. Ikonographische Besonderheiten, die Stowe Ms. 7, der Rotulus und das Blockbuch gemeinsam haben, waren sicher schon in der Urhandschrift der westlichen Gruppe vorhanden. Die architektonische Bildumrahmung, die bei diesem Londoner Codex auffallende Ähnlichkeit mit dem Rotulus hat, — dieselben Kreuzgewölbe mit Schlußstein unter den reichverzierten Bögen, dieselben Fünfblattbögen der Prophetennischen müssen wir in dieser Urschrift vermuten, ebenso die Spruchbänder der Propheten, die ohne Zusammenhang mit den Figuren ganz außerhalb des Bildes stehen und von dem Zeichner des Rotulus leicht fortgelassen werden konnten. Sicher aber hatte die Urhandschrift der westlichen Gruppe Haupt- und Nebenbilder in einem architektonischen Rahmen vereinigt nach dem Schema der alten Armenbibel. Dafür spricht ja gerade die Form des Rahmens. Die Auflösung in drei Bilder, welche die beiden Londoner Handschriften zeigen, ist als spätere Zutat aus unbekannter Quelle anzusehen. Weiter kommen wir mit den Londoner Handschriften nicht. Das Wenige aber, was wir von dem Aussehen der Urhandschrift der westlichen Gruppe auf diesem Wege ermitteln können, berechtigt uns doch noch einen Schritt weiter zurück zu gehen und zu vermuten, daß diese Art der Bildanordnung und des architektonischen Rahmens schon in einer älteren Armenbibeltradition enthalten ist.

Wir kommen dabei auf die ältesten bayrischen Handschriften, in denen diese Form bereits vollständig ausgebildet ist. Die Münchener Codices latini 23425 und 4523 haben zwar eine etwas andere Reihenfolge der typologischen Bildgruppen als die Handschriften der westlichen Gruppe; die beiden Bildserien von den Freuden des Paradieses und den Strafen der Hölle fehlen, dafür hat jede der beiden Handschriften je eine andere in ihrer typologischen Zusammensetzung sonst nirgendwo mehr nachweisbare Gruppe mehr. Cornell vermutet, daß die Originalhandschrift der Armenbibel 36 oder 38 Gruppen hatte. Die kleinere Fassung mit 36 Gruppen scheint mir die wahrscheinlich älteste zu sein. Soviel hatte gewiß auch das Rothschildsche Exemplar, das ja eine Dreiteilbarkeit voraussetzt. Die beiden überzähligen Gruppen der ältesten bayrischen Handschriften sind somit als Zutaten anzusehen, die in der westlichen Gruppe verschwanden, wofür die offensichtlich von der Grundidee der Armenbibel abweichenden typologischen Serien von Himmel und Hölle hinzugefügt wurden.

Eine Handschrift, auf deren Verwandtschaft mit dem 40blättrigen Blockbuch [1]) Vollmer bereits hingewiesen hat, muß in diesem Zusammenhang noch erwähnt werden. Es ist dies eine Historienbibel im Besitz der Würzburger Universitätsbibliothek (Mch. fol. 116).

---

[1]) Hans Vollmer, Materialien zur Bibelgeschichte und religiösen Volkskunde des Mittelalters Bd. 1, (Berlin 1912) S. 122.

Der Codex, der ebenso mit einer unbekannten Handschrift des Speculum humanae salvationis zusammenhängen muß, ist in Franken im dritten Viertel des 15. Jahrhunderts entstanden. Es sieht auf den ersten Blick so aus, als ob einige Bilder der Würzburger Bibel direkt nach dem Blockbuch kopiert sind. Ein paar Figuren stimmen bis auf die Gewandfalten mit denselben Figuren des Blockbuches überein.

Auffallend ist aber, daß eine ganze Reihe sonst ganz ähnlicher Bilder (aber nicht die gleichen wie im Rotulus) in der Würzburger Bibel das Spiegelbild der Holzschnitte sind. Es ist nicht einzusehen, warum der Zeichner gerade diese Szenen im Gegensinn wiedergegeben hat. Möglicherweise sind diese Darstellungen einem Speculum entnommen, welches mit der Vorlage des Blockbuches eng verwandt ist. Die Reihenfolge der ersten Bilder in der Bibel ist die gleiche wie in den Speculum-Handschriften; zudem führt die Handschrift noch die alte Bezeichnung Speculum humanae salvationis. Ein überzeugender Beweis dieser Vermutung ist aber nicht zu erbringen. Ebensowenig sind die Beziehungen zu den Holzschnitten des Blockbuches in befriedigender Weise aufzuklären. Ein Vergleich der Würzburger Bibel mit den Zeichnungen des Rotulus ist für unsere Untersuchung ohne Ergebnis.

Kurz zusammengefaßt sieht also der Stammbaum des Rotulus folgendermaßen aus. Die Konstantinopeler Armenbibel ist die Kopie einer Handschrift, die sich direkt von einem unbekannten Codex der westlichen Gruppe ableiten läßt. Der Urtyp der westlichen Gruppe wiederum zweigt um die Mitte des 14. Jahrhunderts von der Reihe der bayrischen Handschriften ab, deren Urtyp vor oder um 1300 von dem Original der Biblia pauperum kopiert sein muß. Das 40blättrige Blockbuch geht auf eine Vorlage zurück, die mit dem Vorbild des Rotulus in engster Verwandtschaft steht.

Eine Möglichkeit, die Tradition des Rotulus noch näher zu ermitteln, fehlt leider, da er keinen Text hat. In den ältesten Armenbibeln und wohl auch in der Originalhandschrift ist dem Autor bei den Lektionen der Bildgruppe zur Erweckung des Lazarus ein Fehler unterlaufen; es steht da (clm 23425): Legitur in III. libro Regum XVIII ca⁰ Quod helyas propheta tulit puerum sunamitis in cubiculum suum orans et dicens Revertatur obsecro domine anima pueri huius quod et factum est reddit puerum vivum matri sue etc. Bei dem rechten Bild steht: Legitur in IIII libro Regum IIII ca⁰ quod helyseus propheta vidit puerum vidue qui eum hospitare solebat defunctum et prostravit se super puerum et calefacta est caro pueri et revixit puer etc. In

Wirklichkeit sagt der Bibeltext, daß Elia den Sohn der Witwe von Zarpath erweckte und Elisa den Sohn der Sunamitin, die übrigens keine Witwe war. Dieses Mißverständnis findet sich in dem Rothschildschen Fragment, in den ältesten bayrischen und österreichischen Handschriften und in einer ganzen Reihe von Manuskripten, die hiervon abhängen.

Es gibt nun in den verschiedenen Formen, wie dieser Fehler verbessert wurde, eine weitere Möglichkeit, die Armenbibeln nach ihrer Abhängigkeit untereinander zu gruppieren. Im Blockbuch steht an dieser Stelle: helyas propheta tulit puerum mortuum super montem (vielleicht verlesen aus sunamitis?) orans et dicens etc. und: helyseus propheta vidit puerum vidue etc. Der Wortlaut super montem kommt nur im Blockbuch vor. In den Bildunterschriften des Rotulus sind beide Frauen als Witwen bezeichnet, ein Fehler, der in verschiedenen Armenbibeln meist als Personenbezeichnung innerhalb der Bilder nachweisbar ist. Die Londoner Armenbibeln der westlichen Gruppe haben den Fehler richtig gestellt. Wie der Text der Handschrift x gelautet hat, läßt sich nicht sagen. Man darf vermuten, daß hier ebenso wie im Blockbuch der Irrtum nur teilweise verbessert war. Danach müssen wir die Londoner Armenbibeln auf eine Handschrift zurückführen, in der die Textfassung korrekt etwa am Ende des 14. Jahrhunderts nach einer Handschrift der westlichen Gruppe kopiert war. Für den Rotulus versagt dieses bequeme und sichere Merkmal der Zusammengehörigkeit, da der Text fehlt. Daß in den Bildunterschriften zweimal vidua steht, nützt uns wenig, da wir nicht wissen können, ob der Schreiber überhaupt die Vorlage gesehen hat.

Der Rotulus des Serai, diese fern von der Heimat der Armenbibel entstandene Kopie, hat uns manches Neue zur Geschichte der Biblia pauperum sagen können. Wir sehen jetzt viel klarer, welcher Überlieferung das 40blättrige Blockbuch angehört. Der Weg von den ältesten bayrischen Handschriften über die westliche Gruppe und die Handschrift x bis zum Blockbuch, läßt sich nun ziemlich deutlich erkennen. In der langen Reihe dieser Überlieferung sind viele Manuskripte ein Opfer der Zeiten geworden. Obwohl unsere Untersuchung nicht immer auf dem festen Boden sicherer Tatsachen schreiten konnte, hat uns für den Formenwandel im Bildaufbau oder in der Ikonographie der Rotulus und die durch ihn rekonstruierbare Handschrift x manche Klärung bringen können, die vordem nicht möglich war.

Der Rotulus Seragliensis 52 füllt so eine empfindliche Lücke in der Reihe der Biblia pauperum-Handschriften und gibt damit der geistesgeschichtlichen Auswertung der Armenbibelentwicklung besseres und zuverlässigeres Material. Für diesen Zweck, der ja der Sinn aller kunsthistorischen Forschung bleibt, ist es ohne Belang, daß der Zeichner anonym und der Entstehungsort nicht sicher bestimmbar ist.

Tafel 1

Mariä Verkündigung

Eva und die Verfluchung der Schlange

Gideon und der Engel

Tafel 2

Christi Geburt

Gott spricht zu Moses

Der blühende Stecken Aarons

Tafel 3

Die Anbetung der Drei Könige

Abner kómmt zu David

Die Königin von Saba kommt zu Salomon

Tafel 4

Die Darstellung Christi im Tempel

Das Reinigungsopfer

Samuel wird zu Eli gebracht

Tafel 5

Die Flucht nach Ägypten

Rebekka schickt Jakob auf die Flucht

Michal verhilft David zur Flucht

Tafel 6

Der Sturz der Götzen

Anbetung des goldenen Kalbes

Die Bundeslade im Tempel Dagons

Tafel 7

Der bethlehemitische Kindermord

Saul läßt die Priester töten

Athalia läßt die Kinder des Königs töten

Tafel 8

Rückkehr der heiligen Familie

Gott fordert David zur Rückkehr auf

Rückkehr Jakobs mit seiner Familie

Tafel 9

Taufe Christi

Untergang der Ägypter im Roten Meer

Die Kundschafter mit der Traube

Tafel 10

Versuchung Christi

Esau verkauft sein Erstgeburtsrecht

Sündenfall

Tafel 11

Erweckung des Lazarus

Elia erweckt den Sohn der Witwe

Elisa erweckt den Sohn der Sunamitin

Tafel 12

Verklärung Christi

Drei Engel erscheinen Abraham

Die Drei Männer im feurigen Ofen

Tafel 13

Die große Sünderin

Nathan vor David und Davids Buße

Moses heilt Mirjam vom Aussatz

Tafel 14

Christi Einzug in Jerusalem

Davids Einzug mit dem Haupte Goliaths

Die Söhne der Propheten ehren Elisa

Tafel 15

Christus treibt die Händler aus dem Tempel

Cyrus erlaubt den Wiederaufbau des Tempels

Judas Makkabäus reinigt den Tempel

Tafel 16

Judas verrät Christum

Jakob wird der Tod des Joseph gemeldet

Absalom wird Davids Krone gebracht

Tafel 17

Judas empfängt den Verräterlohn

Joseph wird an die Ismaeliter verkauft

Joseph wird an Potiphar verkauft

Tafel 18

Das Abendmahl

Melchisedek bietet Abraham Brot und Wein

Manna-Lese

Tafel 19

Der Judas-Kuß und Christi Gefangennahme

Joab küßt Abner und tötet ihn

Tryphon nimmt Jonathan gefangen

Tafel 20

Pilatus wäscht seine Hände in Unschuld

Isebel droht Elia

Die Babylonier fordern den Tod Daniels

Tafel 21

Verspottung Christi

Ham verspottet Noah

Die Knaben, die Elisa verhöhnten, von Bären zerrissen

Tafel 22

Kreuztragung Christi

Isaak trägt Holz zur Opferung

Elias und die Witwe von Zarpath

Tafel 23

Christus am Kreuz

Opferung Isaaks

Die Aufrichtung der ehernen Schlange

Tafel 24

Der Lanzenstich

Erschaffung Evas aus der Seite Adams

Moses schlägt Wasser aus dem Felsen

Tafel 25

Grablegung Christi

Joseph wird in die Zisterne versenkt

Jonas wird in das Meer geworfen

Tafel 26

Christus in der Vorhölle

David tötet Goliath

Simson tötet den Löwen

Tafel 27

Auferstehung Christi

Simson trägt die Tore von Gaza fort

Jonas wird von dem Walfisch ausgespien

Tafel 28

Die Frauen suchen den Leichnam Christi

Ruben sucht Joseph

Die Braut sucht den Geliebten

Tafel 29

Christus erscheint Maria Magdalena

Daniel in der Löwengrube

Die Braut findet den Geliebten

Tafel 30

Christus erscheint den Jüngern

Joseph gibt sich seinen Brüdern zu erkennen

Rückkehr des verlorenen Sohnes

Tafel 31

Christus und der ungläubige Thomas

Gideon und der Engel

Jakob ringt mit dem Engel

Tafel 32

Christi Himmelfahrt

Henoch wird in das Paradies gehoben

Elias Himmelfahrt

Tafel 33

Pfingsten

Moses empfängt die Gesetzestafeln

Das Feuer des Herrn verzehrt das Opfer des Elias

Tafel 34

Krönung der Maria

Bathseba neben Salomo auf dem Thron

Esther von Ahasveros zur Königin erhoben

Tafel 35

Das Jüngste Gericht

Urteil Salomos

David läßt den Überbringer von Sauls Krone hinrichten

Tafel 36

Der Zug der Verdammten in die Hölle

Untergang der Rotte Korahs, Dathans und Abirams

Untergang Sodoms und Gomorrhas

Tafel 37

Die Seligen in Abrahams Schoß

Mahl der Kinder Hiobs

Jakobs Traum von der Himmelsleiter

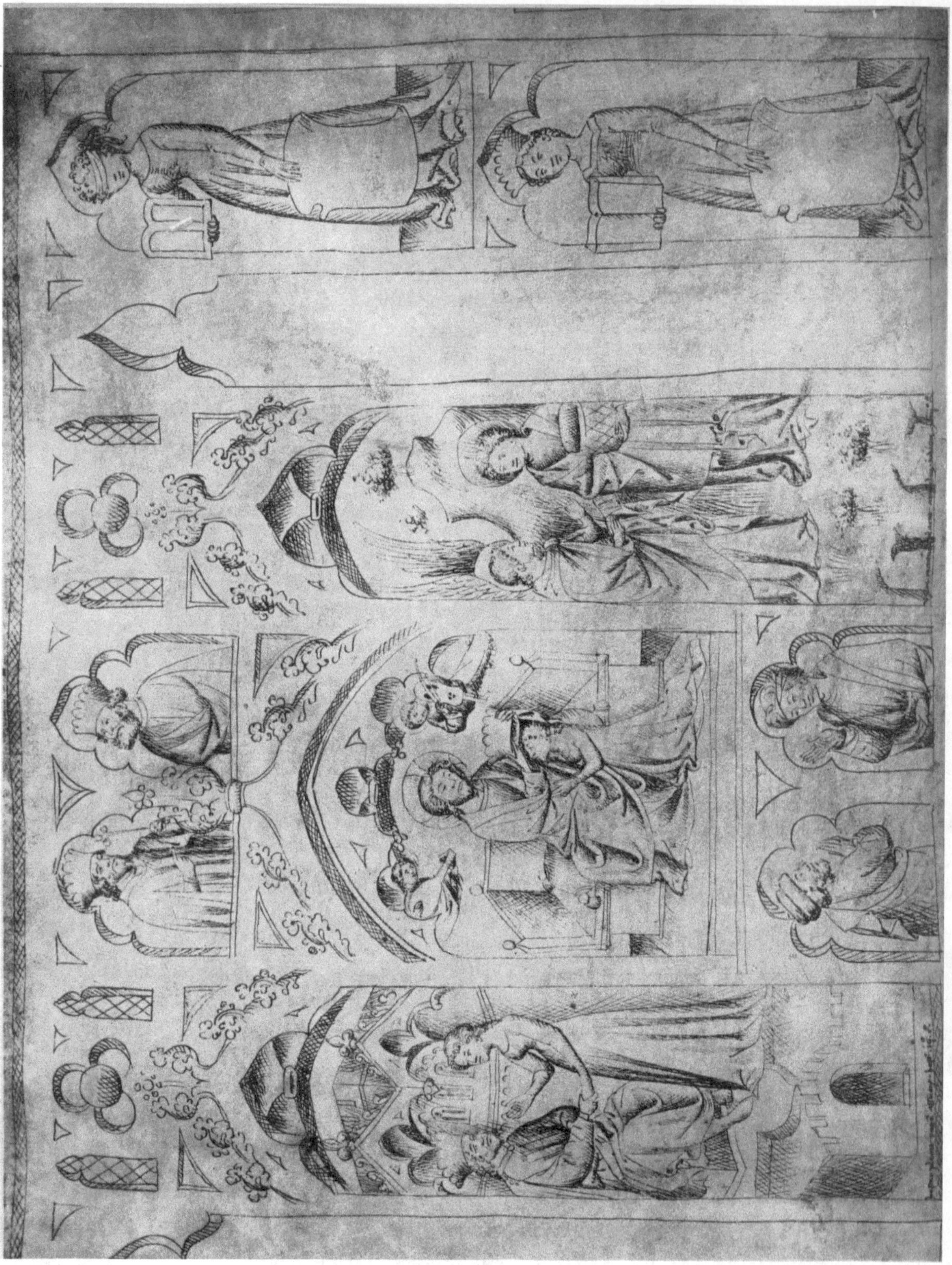

Tafel 38 u. 39

Die Krone des Lebens

Synagoge und Kirche

Die Tochter Zions findet ihren Bräutigam

Der Engel verheißt dem Weibe Manoahs einen Sohn

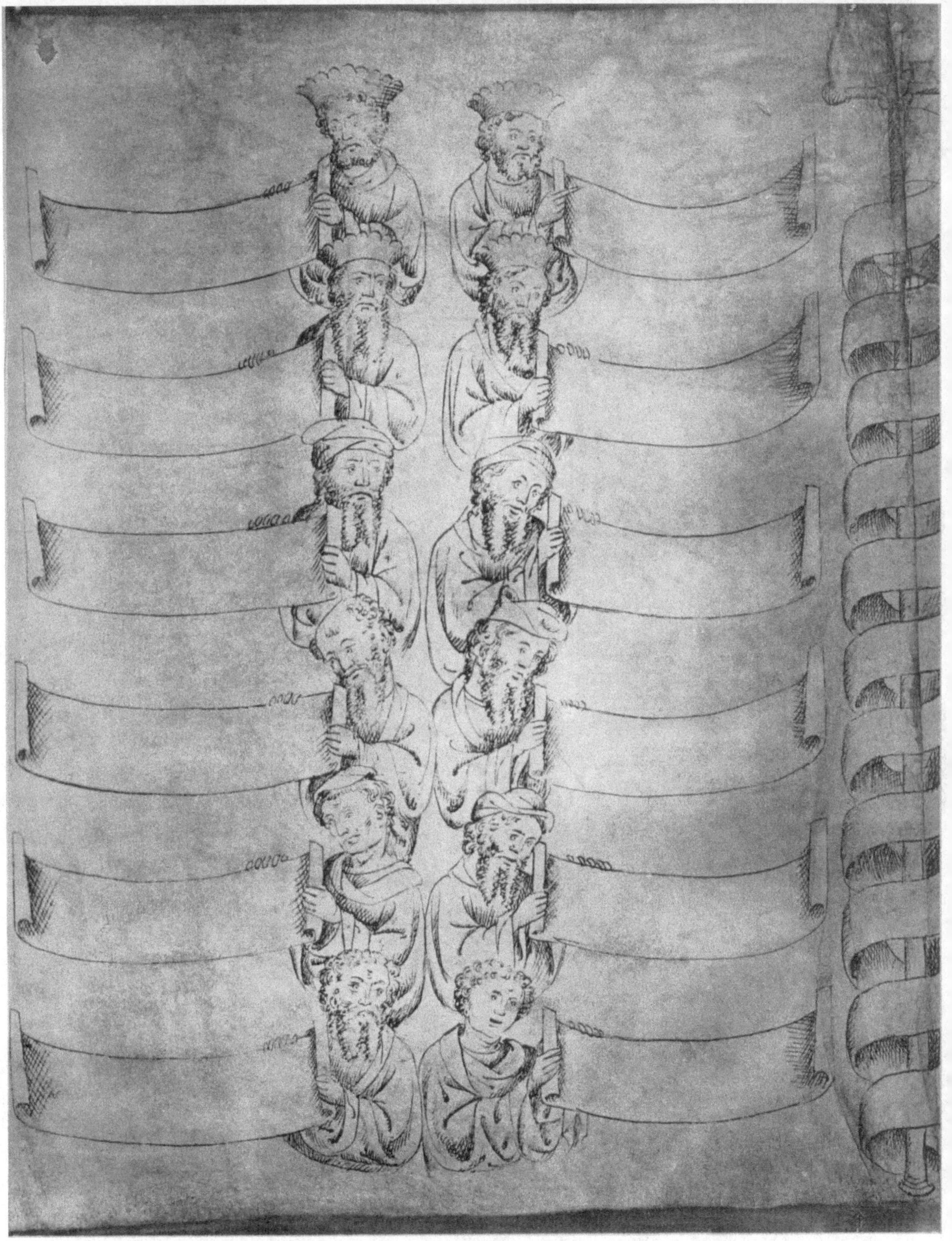

Tafel 40

Die Könige und Propheten

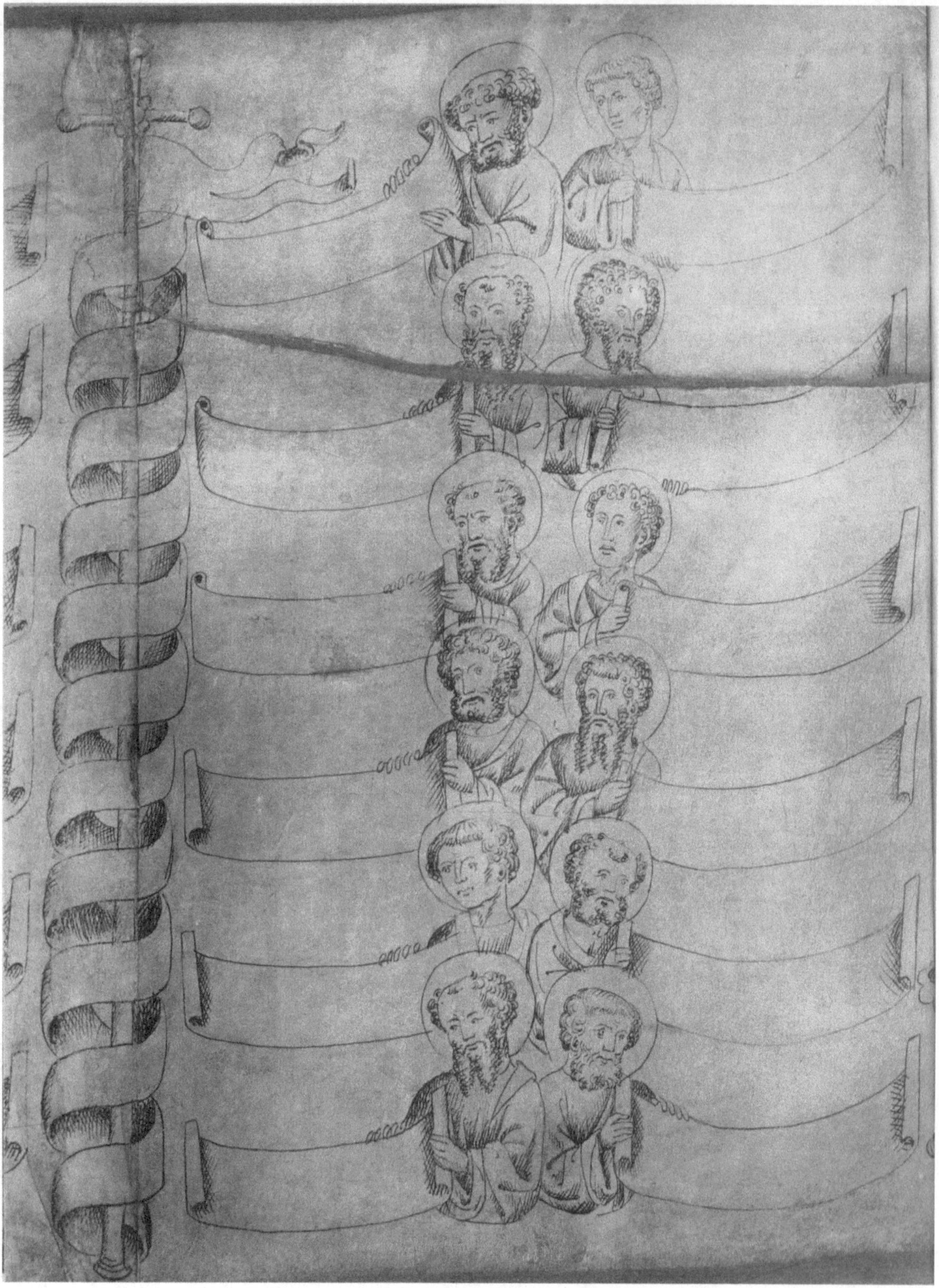

Tafel 41

Das heilige Kreuz. Die Zwölf Apostel

FSC
www.fsc.org
MIX
Papier | Fördert gute Waldnutzung
FSC® C083411

Kolibri 360 GmbH
Ferdinand-Jühlke-Straße 7
99095 Erfurt, Deutschland
produktsicherheit@kolibri360.de